普通高等教育"十二五"规划教材

有机化学实验技术

侯 玲 主 编

蔡志强 胡志泉 徐祥宇 副主编

化学工业出版社

·北京·

本教材主要由有机化学实验技术基础知识、有机化学基本操作技术、有机化合物性质实验、基础有机合成实验、综合性实验、设计性实验、开放性实验和附录 8 个部分组成。在实验项目选取上，增加了与日常生活关系紧密的实验，强调基础知识、基本理论、基本技能的学习。本书适合高等院校化学、应用化学、高分子、化工、生物、环境、材料、药学、临床药学等专业的师生使用，还可供化学、化工、轻工、食品、环境等行业的相关技术及管理工作者参考。

图书在版编目（CIP）数据

有机化学实验技术/侯玲主编. —北京：化学工业出版社，2015.1（2024.2重印）
普通高等教育"十二五"规划教材
ISBN 978-7-122-22057-8

Ⅰ.①有⋯　Ⅱ.①侯⋯　Ⅲ.①有机化学-化学实验-高等学校-教材　Ⅳ.①O62-33

中国版本图书馆 CIP 数据核字（2014）第 239509 号

责任编辑：满悦芝　石　磊　　　　　　　　　　装帧设计：刘丽华
责任校对：王素芹

出版发行：化学工业出版社（北京市东城区青年湖南街 13 号　邮政编码 100011）
印　　装：北京虎彩文化传播有限公司
710mm×1000mm　1/16　印张 6¾　字数 161 千字　2024 年 2 月北京第 1 版第 7 次印刷

购书咨询：010-64518888　　　　　　　　售后服务：010-64518899
网　　址：http://www.cip.com.cn
凡购买本书，如有缺损质量问题，本社销售中心负责调换。

定　　价：16.00 元

前　言

编者根据教育部高等学校化工类专业实验教学的基本要求和内容，结合"卓越工程师"培养计划的实施目标以及有机化学实验教学改革的具体实践编写了本实验教材。

本实验教材力求做到"夯实基础、旨在创新"，尽可能体现有机化学学科发展的新技术与新方法，以满足更多专业高素质创新人才培养的需求。

本教材主要由有机化学实验技术基础知识、有机化学基本操作技术、有机化学性质实验、基础有机合成实验、综合性实验、设计性实验、开放性实验和附录8个部分组成。有机化学实验基础知识部分重点介绍有机化学实验涉及的常识、常用仪器、装置等；基本操作技术部分讲解了有机化学实验基本操作方法以及这些方法的重要性；性质实验和基础合成实验是对理论课学习的重要补充，是理解理论课内容的重要手段，尤其是基础合成实验系统地介绍了有机化学实验常用的一些重要操作原理和技术，使学生熟练掌握各项基本操作，从而为后面的实验内容打好基础；综合性实验的学习能够使学生提早接触很多重要化工产品的合成及其分析检测方法，在一定程度上激发学生的学习兴趣，为专业课的学习打下良好基础；设计性实验在一定程度上提升了学生查阅文献、设计方案及实施方案的能力，对学生创新能力的培养起到良好作用。

考虑到实验单独设课和实验课超前理论课的可能性，本实验教材对每个实验项目都进行了背景知识介绍。在实验内容、实验手段的编写方式上都作了许多有益的尝试。

为了实现"卓越工程师培养计划的实施应从基础课抓起"这一目标，本实验教材对一些重要化工产品的小试实验和工业化生产工艺做了对比，使学生从中感悟到实验室和工厂是有着内在联系的，从而激发学生的学习热情，让他们感到"学而有用"。

参加本书编写工作的有侯玲老师（第1、2、7章），徐祥宇老师（第3章），胡志泉老师（第4、6章），蔡志强老师（第5章、附录）。另外沈晓洁、马淑云、孙洪涛老师参与了本书的前期资料收集整理工作，书稿绘图工作由蔡志强完成，文字校对由侯玲老师完成。

本书在编写过程中得到沈阳工业大学石油化工学院李素君副院长的大力支持，得到辽阳石化公司烯烃厂总工侯维、研究院高工王琪的悉心指点，同时得到了同行老师徐铁军、程军等的热心帮助，在此深表诚挚的感谢！

由于编者水平有限，书中疏漏之处在所难免，望广大读者提出宝贵意见。

编者

2014 年 11 月

目 录

第1章 有机化学实验技术基础知识

1.1 有机化学实验室规则

为了保证有机化学实验正常进行，培养良好的实验习惯，保证实验室的安全，学生必须严格遵守有机化学实验室规则。

① 熟悉实验室水、电开关，消防器材、安全出口的位置。掌握实验室安全与急救常识。

② 实验前认真预习实验内容，掌握实验中涉及的各化合物的物理、化学性质。

③ 实验开始前检查仪器、设备是否完好无损，如发现有故障或损坏应向指导教师汇报，不得擅自拿用其他位置上的仪器。

④ 实验过程中必须按照正确操作步骤进行，注意观察实验现象并做到如实记录。

⑤ 保持实验室台面、地面的清洁，实验仪器摆放要整齐，废弃杂物不许乱扔，废液要倒入指定回收瓶，产品要回收。

⑥ 爱护财物，小心使用仪器和设备，应注意节约水、电。不得将实验用仪器、药品带出实验室。

⑦ 损坏仪器、设备应如实说明情况并按规定赔偿，重做实验要经过指导教师批准。

⑧ 实验结束后，应将用过的玻璃仪器刷洗干净，整理实验台，实验记录交指导教师审阅，签字后方可离开实验室。

⑨ 值日生要做好实验室清洁卫生工作，同时协助指导教师检查水、电开关及台面仪器等。

1.2 有机化学实验室安全知识

1.2.1 防火常识

有机化学实验中所用溶剂大多是易燃的，故着火是最可能发生的事故之一。为防止此类事故，实验中必须注意以下几点。

① 不能用敞口容器加热和放置易燃、易挥发化学试剂。

② 尽量防止或减少易燃物气体外溢。处理和使用易燃物时要远离明火，保持室内通风。

③ 易燃、易挥发的废物禁止倒入废液瓶和垃圾桶中，应专门回收处理。

④ 实验室不应存放大量易燃、易挥发性物质。

实验室一旦发生着火，首先应立即切断电源，移走易燃物，然后根据火势，采取适当方法扑救。例如，烧瓶内着火，用石棉布盖住瓶口；桌面着火，用淋湿的抹布或沙子灭火；衣服着火，应就近卧倒在地上滚动灭火；火势较大时应采用灭火器灭火，火势难以控制则拨打119!

1.2.2 防爆常识

有机化学实验室发生爆炸事故一般有以下三种情况。

① 空气中混杂易燃气体或易燃有机试剂的蒸气达到某一极限时，遇到明火即发生燃烧爆炸。

② 某些化合物容易发生爆炸，如过氧化物、多硝基化合物等，受热或受撞击时均会发生爆炸。

③ 仪器安装不当或操作不当时，也可引起爆炸。如实验装置被堵塞，减压蒸馏时使用不耐压的仪器等。

1.2.3 防毒常识

大多数有机化学药品都有一定毒性。使用时要注意下几点。

① 实验前应了解所用药品的毒性，称量时要使用工具、戴胶皮手套，在通风橱中进行。注意勿使有毒药品触及五官和伤口处。

② 反应过程中可能产生有毒气体的实验，应加气体吸收装置将尾气导出室外或加以吸收。

③ 由于温度计破裂导致汞溢出时，应及时撒上硫黄覆盖。

④ 禁止在实验室内喝水、吃东西。饮食用具不要带进实验室，以防毒物污染，离开实验室及饭前要洗净双手。

1.2.4 用电常识

违章用电可能造成人身伤亡、火灾、损坏仪器设备等严重事故。故用电时应注意以下几点。

① 不用潮湿的手接触电器。

② 修理或安装电器时，应先切断电源。

③ 所有电器的金属外壳都应保护接地。

④ 实验时，应先连接好电路后才接通电源。实验结束时，先切断电源再拆线路。

⑤ 如有人触电，应迅速切断电源，然后进行抢救。

1.2.5 高压钢瓶使用常识

使用高压钢瓶时，应注意以下几点。

① 钢瓶应存放在阴凉、干燥、远离热源的地方。可燃性气瓶应与氧气瓶分开存放。

② 在钢瓶上装上配套的减压阀和压力表。检查减压阀是否关紧的方法是逆时针旋转调压手柄至螺杆松动为止。

③ 可燃性气瓶（如 H_2、C_2H_2）气门螺丝为反丝；不燃性或助燃性气瓶（如 N_2、O_2）为正丝。各种压力表一般不可混用。

④ 打开钢瓶总阀门，此时高压表显示出瓶内贮气总压力。开启总阀门时，不要将头或身体正对总阀门，防止万一阀门或压力表冲出伤人。

⑤ 慢慢地顺时针转动调压手柄，至低压表显示出实验所需压力为止。

⑥ 停止使用时，先关闭总阀门，待减压阀中余气逸尽后，再关闭减压阀。

⑦ 不可把气瓶内气体用光,以防重新充气时发生危险。

⑧ 氢气瓶应放在远离实验室的专用小屋内,用紫铜管引入实验室,并安装防止回火的装置。

1.3 有机化学实验常见标准磨口玻璃仪器、装置和设备

1.3.1 有机化学实验常见标准磨口玻璃仪器

玻璃仪器可分为普通玻璃仪器和磨口玻璃仪器。有机化学实验室广泛使用标准磨口玻璃仪器。由于仪器口径尺寸的标准化,磨砂密合,凡属同类规格的接口均可任意连接,各部件能组装成各种配套玻璃仪器(不同类型规格的部件无法直接组装,但可使用转换接头连接)。实验室内使用标准磨口玻璃仪器,可免去配塞子的麻烦,同时避免反应物或产物被塞子玷污的可能。图 1-1 是有机化学实验室常用的标准磨口玻璃仪器。

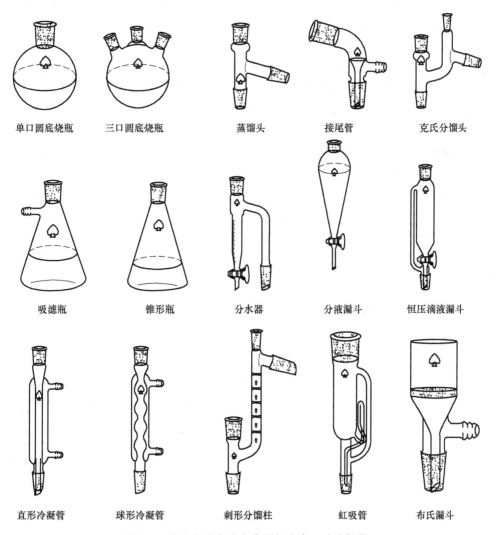

单口圆底烧瓶	三口圆底烧瓶	蒸馏头	接尾管	克氏分馏头
吸滤瓶	锥形瓶	分水器	分液漏斗	恒压滴液漏斗
直形冷凝管	球形冷凝管	刺形分馏柱	虹吸管	布氏漏斗

图 1-1 有机化学实验室常用标准磨口玻璃仪器

1.3.2 有机化学实验常用标准磨口玻璃仪器说明

（1）**单口（或三口）圆底烧瓶** 当原料需要长时间反应或是加热回流时，一般都会选择使用单口或三口圆底烧瓶作为容器。三口烧瓶的三个口可分别安装搅拌器、冷凝管、温度计等。烧瓶中加入的液体不超过其容积的 2/3，不少于其容积的 1/3。

（2）**蒸馏头** 一般有三个口，一个连接在蒸馏烧瓶上，一个插在冷凝管里，还有一个安装温度计，用于观测蒸馏温度。

（3）**克氏分馏头** 减压蒸馏时用。左侧上口通常插入一毛细管，毛细管口距瓶底 1～2mm，可作为汽化中心，使减压蒸馏平稳，避免液体过热而产生暴沸冲出现象。右侧上口插温度计，显示流出液体温度。

（4）**接尾管** 与冷凝管连接，回收产品用。

（5）**冷凝管** 冷凝管有直形冷凝管、空气冷凝管、球形冷凝管和蛇形冷凝管。蒸气在冷凝管中冷凝成为液体，流出液体的沸点高于 130℃ 时用空气冷凝管，低于 130℃ 用直形冷凝管。球形冷凝管一般用于回流反应（液体沸点很低时，可用蛇形冷凝管），即有机化合物的合成装置，因其冷凝面积较大，冷凝效果较好。刺形分馏柱用于分馏操作中，即用于沸点差别不太大的液体混合物的分离操作。

（6）**分水器** 分水器的作用是把反应生产的水从体系中分离出来。前提条件是反应物（或溶剂）和水是不互溶的，且密度应该比水小的，这样在分水器里，水就能和反应物（或溶剂）分层，上层的反应物（或溶剂）又能继续流回反应体系继续反应，而下层的水就与反应体系分开。

（7）**分液漏斗** 分液漏斗分为球形、梨形和筒形等多种样式。球形分液漏斗的颈较长，多用于制备装置中滴加液体，梨形分液漏斗的颈比较短，常用于萃取操作。

（8）**恒压滴液漏斗** 可以保持漏斗内压强与发生器内压强相等，使漏斗内液体顺利流下。

（9）**吸滤瓶、布氏漏斗** 用于减压过滤。

（10）**锥形瓶** 一般用于滴定实验。该容器可以在水浴或电炉上加热，也可用于接收流出液。

1.3.3 有机化学实验常用反应装置

（1）**回流装置** 见图 1-2～图 1-8。

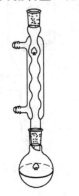

图 1-2　简单回流装置

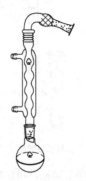

图 1-3　防潮回流装置

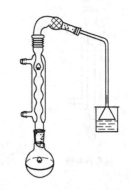

图 1-4　气体回收回流装置

图 1-5　带控温回流装置

图 1-6　滴加液体回流装置

分水器——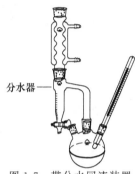

图 1-7　带分水回流装置

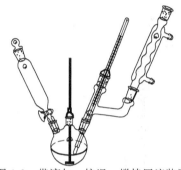

图 1-8　带滴加、控温、搅拌回流装置

（2）液体有机化合物提纯装置　见图 1-9～图 1-15。

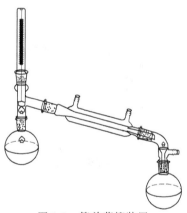

图 1-9　简单蒸馏装置

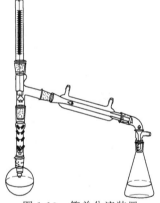

图 1-10　简单分流装置

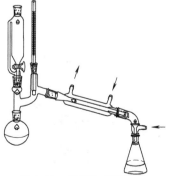

图 1-11　带滴加蒸馏装置

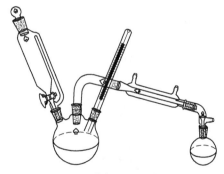

图 1-12　带滴加、控温蒸馏装置

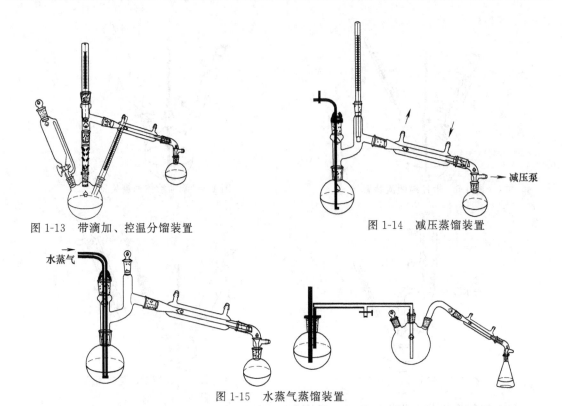

图 1-13 带滴加、控温分馏装置   图 1-14 减压蒸馏装置

图 1-15 水蒸气蒸馏装置

（3）固体有机化合物提纯装置 见图 1-16～图 1-19。

图 1-16 减压抽滤装置

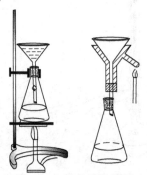

图 1-17 趁热抽滤装置

图 1-18 回流提取装置

图 1-19 升华装置

1.3.4 有机化学实验常用仪器设备

有机化学实验中，除用到玻璃仪器外，还经常要用到各种各样的辅助仪器和设备。

（1）托盘天平和电子天平 托盘天平（见图 1-20）用于精确度不高的称量。一般能准确到 1g。电子天平（见图 1-21）是一种比较精密的仪器，称量时可以精确到 0.0001g。

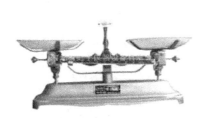

图 1-20 托盘天平   图 1-21 电子天平

（2）电热套、恒温水浴锅 电热套（见图 1-22）是化学实验中一种简单、安全的加热装置。它是用纤维丝与电热丝编织成半圆形的内套，外边加上金属或塑料外壳，中间填上保温材料。这种加热方法在加热易燃化学品时避免了使用明火的危险，加热效率也较高。最高加热温度可达 400℃左右。

恒温水浴锅（见图 1-23）常用来加热或保温含有低沸点有机化合物的仪器，可控制温度在 50～100℃。

图 1-22 电热套   图 1-23 恒温水浴锅

（3）磁力加热搅拌器 一般的磁力加热搅拌器（见图 1-24）都是在底盘设置加热装置，此外也会设置相应的装置对加热进行监控，工作的盘面会安装有温度传感器（热电偶），仪器不会加热介质，可根据实验要求对温度进行调整。

集热式磁力加热搅拌器（见图 1-25）的加热锅采用不锈钢板冲压而成，与特制加热管和耐高温密封组合，采用调节电压的方式控制加热管功率大小，以控制集热锅内温度，控温精度±3℃，同时具备加热和搅拌功能。

（4）气流烘干器、鼓风干燥箱 玻璃气流烘干器（见图 1-26）用于快速烘干仪器的设备，具有快速、节能、无水渍、使用方便、维修简单等优点。不可长时间加热，以免烧坏电机和电热丝。

电热恒温鼓风干燥箱（见图 1-27）适合烘干物品、干燥热处理及其他加热之用，控温灵敏，能自动切断电源功能。

（5）旋转蒸发仪、低温冷却液循环泵 旋转蒸发仪（见图 1-28）主要由可旋转的蒸发器、冷凝管和接收瓶等组成，常用来回收、蒸发有机溶剂。低沸点有机溶剂不易冷凝，可使用低温冷却液循环泵（见图 1-29）。

图 1-24　磁力加热搅拌器

图 1-25　集热式磁力加热搅拌器

图 1-26　玻璃气流烘干器

图 1-27　电热恒温鼓风干燥箱

图 1-28　旋转蒸发仪

图 1-29　低温冷却液循环泵

（6）循环水真空泵、旋片真空油泵 循环水真空泵（见图 1-30）因其结构、水压和水温等因素不易得到较高的真空度，一般用于对真空度要求不高的减压体系中。

旋片真空油泵（见图 1-31）常用于对真空度要求较高的减压体系。油泵效能的好坏取决于泵的结构及油的好坏，好的油泵能抽到 $10\sim100Pa$ 以上的真空度。

图 1-30　循环水真空泵

图 1-31　旋片真空油泵

（7）超声波清洗器、电动搅拌器　超声波清洗器（见图 1-32）可用于清洗、脱气、混匀、提取、有机合成等。近年来，超声波作为一种方便、快速、有效、安全的合成技术广泛用于有机合成领域。电动搅拌器（见图 1-33）一般用于有机化学实验的机械搅拌操作中。

图 1-32　超声波清洗器

图 1-33　电动搅拌器

1.4　实验报告格式

实验报告是总结实验进行情况、分析实验中出现问题的原因、整理归纳实验结果的重要环节，所以必须认真写好实验报告。实验报告的格式如下（以 1-溴丁烷的制备为例）。

实验项目　1-溴丁烷的制备

（一）实验目的（略）

（二）实验原理（略）

（三）主要试剂及产物物理常数

名称	相对分子质量	状态	沸点/℃	密度/(g/cm³)	水溶性
正丁醇	74.12	无色透明液体	117.71	0.8097	溶
1-溴丁烷	137.03	无色透明液体	101.6	1.2758	不溶

（四）主要试剂用量

正丁醇 6.2mL（0.068mol）；浓硫酸 10mL（0.18mol）；无水溴化钠 8.3g（0.08mol）。

（五）实验主装置图（略）

（六）操作步骤

实验步骤	实验现象
100mL 圆底烧瓶＋6.2mL n-C$_4$H$_9$OH＋8.3g NaBr（研细）＋沸石	溴化钠未完全溶解
锥形瓶＋10mL H$_2$O（冰水冷却）＋10mL 浓 H$_2$SO$_4$（分次、振摇、冷却）	放热
将 H$_2$O- H$_2$SO$_4$ 混合液分数次加入烧瓶中，边加边振荡，混合均匀	固体（NaBr）减少，上层液体稍微发黄
装上冷凝管、气体吸收装置，电热套小火加热，回流 30min	9：26 开始加热，9：31 开始回流，振荡，球形冷凝管下端出现白雾状的气体（HBr）并沿冷凝管上升。9：33 分层，上层橙黄色，下层乳白色，固体消失。10：01 停止回流，上层橙黄色，下层无色透明
稍冷，安装简易水蒸气蒸馏装置，补加沸石，开始蒸馏	馏出液浑浊
停止蒸馏。分液，将下层分至分液漏斗中	产物在下层
酸洗（3mL 冷的浓硫酸），分液	产物在上层
水洗（10mL），分液	产物在下层
碱洗	产物在下层
水洗	产物在下层
粗产品置于 50mL 锥形瓶中，加无水氯化钙干燥	澄清
过滤，蒸馏，收集 99～102℃馏分	99℃以前馏分很少，稳定在 101～102℃，直至基本蒸干，停止蒸馏

（七）实验数据处理

投料量：6.2mL n-C$_4$H$_9$OH、8.3gNaBr、10mL 浓 H$_2$SO$_4$

反应时间：30min

产品质量：6.1g

产率＝实际产量/理论产量×100％＝$\frac{6.1}{9.32}$×100％＝65.5％

[1-溴丁烷理论产量＝0.068×137＝9.32（g），实际产量 6.1g]

（八）结果讨论及创新性建议（略）

1.5 文献查阅知识

查阅文献资料是化学工作者的基本功，特别是在科研工作中，通过文献可以了解相关科研方向的研究现状与最新进展。这里介绍几种文献资料的查阅方式。

1.5.1 常用工具书

（1）《化学化工大辞典》 中国规模最大的化学化工类综合性专业辞书，是目前我国收词量最多、专业覆盖面最广、解释较为详细的化学化工专业词典。《化学化工大辞典》是国家新闻出版署确定的九五国家重点图书，由原国家科委立项并拨专款支持，1994 年 11 月由原化学工业部经济技术委员会牵头，组织中国化学会、中国化工学会、中国药学会、北京师范大学、华东理工大学等 20 余所高等院校和 10 余家科研院所的专家共 750 余名合作编纂，编委会主任委员为贺国强。整个编纂过程历时 8 年，至 2002 年 11 月完成，2003 年 1 月由化学工业出版社正式出版发行，书号：ISBN 7-5025-2611-0/TQ. 62。全书共分为上下两册，

204.5 印张，共计 1044.6 万余字，上下册定价共 480 元人民币。

（2）精细有机化工制备手册（章思规、辛忠主编，科学技术文献出版社，1994 年） 从工业实用角度系统介绍了磺化、硝化、卤化、还原、胺化、烷基化、氧化、酰化、羟基化、酯化、成环缩合、重氮化和偶合等单元反应的一般规律和工业应用。实例部分收录约 1200 个条目，每一条目均按化合物的中英文名称、结构式、分子式、相对分子质量、性状、生产方法、产品规格、原料消耗、用途、国内生产厂家和参考文献等顺序作介绍。

（3）Handbook of Chemistry and Physics 这是美国化学橡胶公司出版的一本（英文）化学与物理手册。全书列出 15031 条常见有机化合物的物理常数，并按照有机化合物英文名称的字母顺序排列。

（4）The Mereck Index, 11th Ed 这是一本非常详尽的化工工具书，主要是有机化合物和药物。它收集了近 1 万种化合物的性质、制法和用途，4500 多个结构式，4.2 万条化学产品和药物的命名。

（5）Dictionary of Organic Compounds, 6th Ed 该书收集有机化合物近 3 万条，连同衍生物在内共约 6 万余条。内容为有机化合物的组成、分子式、结构式、来源、性状、物理常数、化合物性质及其衍生物等，同时收集了化合物制备的相关文献资料，各化合物按名称的英文字母排序。

（6）Organic Synthesis (Blatt A. H. 主编) 该书主要介绍各种有机化合物的制备方法。所选实验步骤叙述得非常详细，书中每个实验步骤都经过其他人的核对，内容成熟可靠。

（7）化学实验规范（北京师范大学《化学实验规范》编写组，北京师范大学出版社，2010 年） 该书编写了各类化学实验的教学要求、规范操作以及各类实验仪器或装置的构造、原理、使用方法、注意事项等。

（8）有机合成事典（樊能廷主编，北京理工大学出版社，1992 年） 该书收集了 1700 多个有机化合物的理化性质及详细的合成方法，附有分子式索引、各类化合物在美国《化学文摘》的登录号等。

1.5.2　常用期刊文献

涉及化学方面的中外期刊有很多种，其中中文期刊有《中国科学》、《化学学报》、《有机化学》等。国外相关期刊主要有《美国化学会志》（J. Am. Chem. Soc.）、《有机化学杂志》（J. Org. Chem.）、《英国化学会志》（J. Chem. Soc.）等。

在众多的文摘性刊物中以美国《化学文摘》（Chemical Abstracts，简称 CA）收集文献最全。CA 的检索系统比较完善，有期索引、卷索引，每 10 卷有累计索引。累计索引主要有作者索引（Author Index）、专利索引（Patent Index）、化学物质索引（Chemical Substance Index）、分子式索引（Formula Index）、普通主题索引（General Subject Index）等。

1.5.3　常用网络资源

① 中国期刊全文数据库（http：//www. dlib. cnki. net/kns50/）。中国期刊全文数据库（CJFD）是目前世界上最大的连续动态更新的中国期刊全文数据库。收录 1994 年至今的 5300 余种核心与专业特色期刊全文，题录 1500 多万条。

② 美国化学学会（ACS）数据库（http：//pubs. acs. org）。ACS 出版 34 种期刊，被

ISI 的 Journal Citation Report（JCP）评为化学领域中被引用次数最多的化学期刊。

③ 英国皇家化学学会（RSC）期刊及数据库（http：//www. rsc. org）。

④ 有机化合物数据库（http：//www. colby. edu/chemistry/cmp. html）。

⑤ 化合物基本性质数据库（http：//www. chemfinder. camsoft. com）。

⑥ 中国国家图书馆（http：//www. nlc. gov. cn）。

第 2 章　有机化学基本操作技术

2.1　熔点测定及温度计校正

2.1.1　实验目的

① 理解熔点测定的原理和意义；
② 掌握熔点测定方法和温度计校正方法。

2.1.2　实验原理

熔点是固体化合物重要的物理常数之一。通常是指在一个大气压下，固体化合物固-液两相平衡时的温度，这时固相和液相的蒸气压相等。纯粹的固体化合物一般都有一个固定的熔点。图 2-1 表示一个纯粹化合物相组分、总供热和温度之间的关系。当体系温度低于固体化合物熔点时（A 点），固体并不熔化，达到熔点时（B 点），固体开始熔化，温度停止上升，直至全部固体都转化为液体时（C 点），温度才上升（D 点）。反过来，当冷却纯液体化合物时温度下降，当达到凝固点时温度停止下降，开始有固体出现，直到液体全部变为固体时温度才开始下降。即纯化合物的熔点和凝固点是一致的。

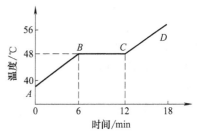

图 2-1　相随时间和温度变化图

理论上熔点是一个点，但实际测定这一点有一定的困难，一般测得的是一个温度范围，即从开始熔化（初熔）至完全熔化（全熔）时的温度，该范围称为熔点范围，简称熔程或熔距。纯化合物的熔程很小，一般为 0.5～1℃，不纯化合物一般熔点会降低，熔程会增大。故熔点测定可用于鉴定固体有机化合物的种类和纯度。

测定熔点的方法有多种：①毛细管测熔法；②显微熔点测定仪测熔法；③全自动数字熔点测定仪测熔法。下面分别介绍毛细管法和显微熔点测定仪法。

2.1.3　仪器、试剂及相关物理常数

（1）仪器　酒精灯、Thiele 管、温度计、开口软木塞、毛细管、表面皿、橡皮圈、玻璃管、铁夹、显微熔点测定仪、载玻片等。

（2）试剂　甘油，样品 A（纯乙酰苯胺），样品 B（含杂质的乙酰苯胺），样品 C、D（未知样，可能是苯甲酸、乙二酸、己二酸、邻苯二甲酸酐等）。

（3）相关物理常数　甘油是有甜味的黏稠液体，沸点 290℃，相对密度是 1.260；可与水混溶，吸湿性强，能吸收空气中水分，不溶于乙醚、氯仿等有机溶剂。乙酰苯胺白色片状晶体，相对分子质量 135.17，熔点 113～114℃；微溶于冷水，易溶于乙

醇、乙醚及热水。苯甲酸又名安息香酸，鳞片状或针状结晶，具有苯或甲醛的臭味。相对分子质量 122.13g/mol，熔点 121～122℃。乙二酸又名草酸，无色透明结晶或粉末，分子量 90.03，熔点189～191℃，易溶于乙醇、水，微溶于乙醚，不溶于苯和氯仿。己二酸为白色单斜晶系结晶体或结晶性粉末，略有酸味，相对分子质量 146.14，熔点 152～153℃，微溶于水，溶于丙酮、乙醇、乙醚，不溶于苯、石油醚。邻苯二甲酸酐为白色针状结晶，相对分子质量 148.11，熔点 131.2℃，溶于热水、乙醇、乙醚、苯等多数有机溶剂。

2.1.4 实验技术

2.1.4.1 毛细管测熔点

（1）待测样品的填装 先将 1mm×100mm 毛细管一端在酒精灯上转动，烧熔封闭。取少量待测样品，放在干净的表面皿上，将其研磨成粉末，聚成小堆，将一端封闭的毛细管开口端插入样品堆中，使样品挤入管内。再取一根 50cm 长的玻璃管，直立在桌面上，将装有样品的毛细管封口一端向下自玻璃管上端自由落下，反复操作几次，直至毛细管中的样品高约 2～3mm 为止。装入的样品要求细而实❶。

（2）安装测定熔点装置 按图 2-2 所示将 Thiele 管（也叫 b 形管）用铁架固定在铁架上，装入热载体甘油❷。甘油的液面高出上侧管 0.5cm 左右。在熔点测定管上口配一个合适的开口塞，用于固定温度计，使温度计刻度面向开口方向，水银球位于熔点管上、下侧管中部。把装好样品的毛细管用乳胶圈固定在温度计上，毛细管中样品部分应位于温度计水银球的中部。

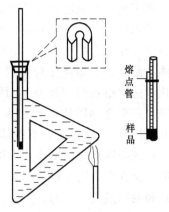

图 2-2 熔点测定装置

（3）熔点的测定 在 Thiele 管弯曲支管的底部加热，使浴液进行循环，保证温度计受热均匀。测定已知熔点的样品时，可先以较快的速度加热，当温度读数比熔点低 10℃时，每分钟升温 1～2℃，越接近熔点，加热速度越慢，直至测出熔程。

测定未知熔点的样品，应先粗测熔点范围，再如上述方法细测。测定时，注意观察毛细管中样品的变化，当样品出现收缩、塌陷并有液相产生时（始熔）的温度读数，以及样品完全熔化变成透明液体时（全熔）的温度。所得数据即为该物质的熔程。

测已知样品熔点时，要有 2 次重复数据；测待测样品熔点时，要有 3 次重复数据。

同一个样品进行第二次测定时，需待浴液温度下降至熔点温度 30℃以下，再换上第 2 支毛细管，按前面方法进行操作。

2.1.4.2 显微熔点测定仪测熔点

特点是使用样品量少（2～3 颗小晶粒），测定的熔点范围是室温～300℃的样品。具体操作如下。

在干净且干燥的载玻片上放 2 颗晶粒，盖上一片载玻片，放在加热台上（见图 2-3），调

---

❶ 目的是使传热迅速而均匀。

❷ 可根据所测物质的熔点选择，一般用甘油、液体石蜡、硫酸、硅油等。

节反光镜、物镜和目镜，使显微镜焦点对准样品。开启加热器，先快后慢对样品进行加热，当温度上升至接近熔点时，控制温度上升速度为每分钟 0.2～0.3℃。当晶粒的棱角开始变圆时为初熔，晶粒完全消失为全熔。

图 2-3　显微熔点测定仪

分别用上述 2 种方法测定样品 A、B、C、D 的熔点，并作出如下判断：①样品 A、B 在数值上的差别；②查文献，判断 C、D 是什么物质？

2.1.4.3　温度计的校正

毛细管法测固体化合物熔点时，要用校正后的温度计。温度计的校正方法如下。

校正温度计，最简单的方法是选用标准温度计与普通温度计比较，用标准温度计和普通温度计测定同一浴温（浴温要均匀，两支温度计的水银球要处于同一水平线）。在不断升温下，测出一系列温度读数，以标准温度计的读数为纵坐标，普通温度计的读数为横坐标，画出一条曲线，根据此曲线，校正温度计。

也可采用纯有机化合物的熔点作为校正的标准。校正时只要选择一系列已知熔点的纯化合物作为标准，测定它们的熔点，以观察到的熔点作横坐标，与已知熔点的差值作纵坐标，画成曲线。在任一温度时的读数即可直接从曲线上读出。

2.1.5　思考题

① 测定熔点时，如果样品没有研磨得很细，对测定有什么影响？

② 是否可以使用第一次测熔点时已经熔化了的有机物再做第二次测定？为什么？

③ 除了 Thiele 管和双浴式熔点测定装置，你能否设计出其他的采用毛细管来测熔点的装置？

2.2　蒸馏、分馏

蒸馏、分馏是有机化学实验常用的重要的操作技能。蒸馏操作一般用于以下几个方面：①当混合物中各组分的沸点相差较大时（30℃以上），可采用蒸馏方法来分离液体混合物❶；当混合物中各组分的沸点相差较小时（小于30℃），只能借助分馏技术才能有效地分离提纯各组分。②提纯，除去不挥发杂质。③回收溶剂或蒸出部分溶剂以浓缩溶液。④测定化合物沸点。

2.2.1　实验目的

① 理解蒸馏、分馏的原理和意义；

② 掌握蒸馏、分馏操作方法。

---

❶　能形成共沸混合物的液体，不能通过蒸馏操作分离。

2.2.2 实验原理

当液态有机物受热时，其蒸气压增大，待蒸气压增大到与外界液面的总压力相等时液体沸腾，此时的温度称为该液体的沸点。显然，液体的沸点与外界压力的大小有关，每种纯液态有机化合物在一定压力下具有固定的沸点。通常所说的沸点，是指 101.3kPa（一个标准大气压）下液体沸腾的温度。

蒸馏就是将液态物质加热到沸腾变为蒸气，再将蒸气冷凝为液态这两个过程的联合操作。在常压下进行的蒸馏为常压蒸馏，简称蒸馏。

蒸馏沸点相差较大（大于 30℃）的液态混合物时，沸点较低者先蒸出，沸点较高的随后蒸出，不挥发的留在蒸馏瓶内，这样可达到分离提纯的目的。

分馏的原理和蒸馏相类似，不同之处是分馏在装置上多了一个分馏柱❶，使汽化、冷凝的过程由一次改进为多次，也就是说，分馏相当于多次蒸馏。分馏过程就是使沸腾的混合物蒸气通过分馏柱（工业上用精馏塔）进行一系列的热交换，由于分馏柱外空气的冷却，蒸气中高沸点的组分被冷却为液体，低沸点的组分继续上升；当冷凝液回流途中遇到上升的蒸气，两者之间又进行热交换，蒸气中的高沸点组分又被冷凝，低沸点的组分仍继续上升，易挥发的组分又增加了，如此在分馏柱内进行着汽化、冷凝、回流等程序，当分馏柱的效率相当高且操作正确时，分馏柱顶部出来的蒸气就接近于纯的低沸点组分。蒸馏、分馏以及后面讲到的减压蒸馏是非常重要的几种基本操作，这些操作常见于工业化生产中，如炼油企业的常减压装置等。

2.2.3 仪器、试剂和相关物理常数

（1）**仪器** 圆底烧瓶、蒸馏头、温度计、冷凝管、刺形分馏柱、接尾管、锥形瓶、电热套等。

（2）**试剂** 丙酮-水混合液（或工业酒精-水混合液）。

（3）**相关物理常数** 丙酮为无色透明易流动液体，有芳香气味，极易挥发，相对分子质量 58.08，沸点 56.5℃，密度 $0.80kg/m^3$。酒精（主要成分乙醇）为无色透明易挥发液体，有特殊香味，能与水、氯仿、乙醚、甲醇、丙酮和其他多数有机溶剂混溶，相对分子质量 46.07，沸点 78.5℃，密度 $0.789kg/m^3$。

2.2.4 实验技术

（1）**蒸馏** 蒸馏装置如图 2-4 所示。圆底烧瓶大小的选择取决于被蒸馏物的体积，一般被蒸馏物的体积不要超过圆底烧瓶容积的 2/3，也不要少于 1/3。被蒸馏液体沸点小于 130℃时，用直形冷凝管；沸点大于 130℃应选空气冷凝管。安装蒸馏装置时，温度计水银球的上限应和蒸馏头侧管的下沿在同一水平线上。冷凝水应从冷凝管的下口流入，上口流出。常压蒸馏装置不能为封闭体系，必须与大气相通。安装时从下往上、从左往右。

安装好蒸馏装置后，通过玻璃漏斗小心将待分离混合物加入蒸馏瓶中，同时加几粒沸

---

❶ 分馏柱是一根长而垂直、柱身有一定形状的空管，管中填有特制的填料。普通有机实验中常用刺形分馏柱，又称韦氏分馏柱。分馏柱的作用就是使高沸点组分回流，低沸点组分得到蒸馏。

石，防止蒸馏时"暴沸"❶。

　　控制加热温度，使液体流出速度为 1~2 滴/s。

　　纯粹液体的沸程一般不超过 0.5~1℃，但在普通有机化学实验中收集的沸程较宽。蒸馏时不要蒸干，以免发生蒸馏瓶破裂或其他意外。蒸馏完毕，先停止加热，然后停止通水，从右到左、从上至下拆卸仪器。

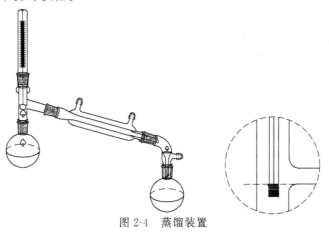

图 2-4　蒸馏装置

（2）分馏

　　分馏装置与蒸馏装置相类似，仅多一个分馏柱，如图 2-5 所示。具体操作也与蒸馏相似，所不同的是：①控制分馏时蒸出液体的流速是 2~3s 1 滴，比蒸馏流速要慢很多；②控制适当回流比时要防止液泛现象的发生❷。

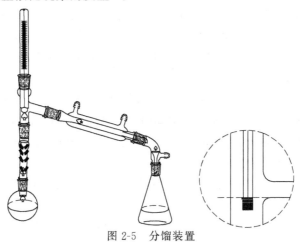

图 2-5　分馏装置

2.2.5　操作练习

　　用量筒量取 20mL 丙酮-水（或工业酒精-水）混合液，分别采用蒸馏和分馏两种方法进

---

　　❶　大多数液体都有过热现象，即液体达到沸点温度时仍没有沸腾，这样的过热液体在受到干扰时，会突然且剧烈地沸腾，大量蒸气，带着液体往外冲，称为"暴沸"。沸石的微孔称为液体的气化中心，就可以使液体平稳地沸腾。假如中途停止蒸馏，留在液体中沸石的微孔已经被液体充满，不能再继续发挥作用。

　　❷　回流液体在柱内聚集现象称为液泛。

行实验，记录第一滴馏出液馏出的温度和 56～62℃、62～72℃、72～82℃、82～92℃ 各温度段馏出液体的体积并分析比较二者实验结果。

2.2.6 思考题

① 蒸馏时温度计的位置偏高或偏低，馏出液的速度太慢或太快，对沸点的读数有何影响？

② 若蒸馏出的物质易受潮分解或易挥发，蒸馏装置应怎样改进？

③ 分馏操作和蒸馏操作在原理和装置上有哪些异同点？

2.3 水蒸气蒸馏

2.3.1 实验目的

① 理解水蒸气蒸馏的原理；

② 掌握水蒸气蒸馏操作方法。

2.3.2 实验原理

水蒸气蒸馏操作是将水蒸气通入不溶或难溶于水但具有一定挥发性的有机物❶中，使有机物在低于 100℃ 的温度下随水蒸气蒸馏出来，这种操作过程称为水蒸气蒸馏。它是分离、提纯有机化合物的重要方法之一。

当水与不溶于水的有机物混合时，其液面上的蒸气压等于各组分单独存在时的蒸气压之和，即 $p_{混合物} = p_水 + p_{有机物}$。当两者的饱和蒸气压之和等于外界大气压时，混合物开始沸腾，这时的温度为互不相溶的液体的沸点，此沸点要比混合物中任一组分的沸点都低。因此，常压下用水蒸气蒸馏，能在低于 100℃ 的情况下将高沸点组分与水一起蒸出来。蒸馏时，混合物沸点保持不变，直到有机物全部随水蒸出，温度才会上升至水的沸点。例如，常压下苯胺的沸点为 184.4℃，当用水蒸气蒸馏时，则苯胺水溶液的沸点为 98.4℃，此时，苯胺的饱和蒸气压为 5.60kPa（42mmHg），水为 95.73kPa（718mmHg），两者之和为 101.33kPa（760mmHg），等于大气压。

在蒸出气体的冷凝液中，有机物与水的质量比等于各自的饱和蒸气压与摩尔质量乘积之比。

$$\frac{m_{有机物}}{m_水} = \frac{p^\circ_{有机物} \times M_{有机物}}{p^\circ_水 \times M_水}$$

式中，$m_{有机物}$、$m_水$ 分别为有机物和水的质量，$p^\circ_{有机物}$ 和 $p^\circ_水$ 分别为沸腾温度下有机物和水的饱和蒸气压；$M_{有机物}$ 和 $M_水$ 是有机物和水的摩尔质量。以苯胺-水蒸气蒸馏为例，苯胺与水的质量比为：

$$\frac{m_{苯胺}}{m_水} = \frac{5.60kPa \times 93g/mol}{95.73kPa \times 18g/mol} \approx \frac{1}{3.3}$$

---

❶ 在 100℃ 左右与水不起反应，并且在此温度下其饱和蒸气压不小于 1.32kPa（10mmHg）的有机物可用水蒸气蒸馏提纯。

也就是说，每蒸出 3.3g 水可带出 1g 苯胺。上述关系式只适用于不溶于水的有机化合物，所得数据也只是理论上的近似值。由于苯胺微溶于水，故在流出液中实际苯胺的含量比理论值低。

水蒸气蒸馏主要适用于下列情况。

① 反应混合物中含有大量固体、树脂状、焦油状物质或不挥发性杂质；

② 要求除去易挥发的有机物；

③ 从固体的反应混合物中分离被吸附的液体产物；

④ 常压蒸馏时易分解的有机物。

2.3.3　仪器、试剂及相关物理常数

（1）仪器　水蒸气发生器、T 形管、圆底烧瓶、冷凝管、接尾管、安全管、锥形瓶、电热套等。

（2）试剂　苯胺、水。

（3）相关物理常数　苯胺为无色或微黄色油状液体，有强烈气味，相对分子质量 93.12，沸点 184.4℃，密度 1.02kg/m³，微溶于水，溶于乙醇、乙醚、苯。

2.3.4　实验技术

水蒸气蒸馏装置主要由水蒸气发生器、长颈圆底烧瓶（或三口烧瓶）、冷凝管、接引管、接收器组成。图 2-6 所示为某些样式的装置示意。

水蒸气发生器 A 通常为金属容器（也可用圆底烧瓶代替），盛水量以占其容量的 2/3 为宜。长玻璃管 B 为平衡安全管，其下端接近容器底部，可以估计水蒸气压力。在正常操作时，保持水蒸气有一定压力，以便进行水蒸气蒸馏，当水蒸气压力超过平衡管内水柱的压力时，水可冲出玻璃管，泄压，从而保证整个装置的安全。水蒸气发生器的侧面装有玻璃水位管以观察容器内水平面高度。长颈圆底烧瓶 D 是盛被蒸馏物质的容器，被蒸馏液体不能超过其体积的 1/3。用铁架台和铁夹将圆底烧瓶固定，为防止蒸馏过程中瓶内液体因暴沸而冲入冷凝管，将长颈圆底烧瓶的位置向水蒸气发生器方向倾斜 45°角。烧瓶口装有双孔胶塞，一孔插入水蒸气导管 C，其外径不小于 7mm，以保证水蒸气畅通，末端正对着烧瓶底部，距底部 8～10mm，以利于水蒸气和被蒸馏物质充分接触，并起搅动作用。另一孔插入馏出液导管 E，其外径略粗一些，约为 1cm，以利于水蒸气和有机物蒸气通畅地进入冷凝管，避免蒸气导出受阻而增加长颈圆底烧瓶 D 中的压力。馏出液导管 E 常弯成 30°角，连接烧瓶的一端应尽可能短一些，插入双孔塞后露出约 5mm，通入冷凝管的一段则允许稍长一些，可起部分冷凝作用。为使馏出液充分冷却宜采用直形冷凝管，冷却水的流速可以大一些❶。

水蒸气发生器的支管与水蒸气导管 C 之间要连一根 T 形管，在其支管上连接一段短橡皮管，用螺旋夹夹紧。T 形管可用来除去水蒸气中冷凝下来的水，同时当系统受阻，压力升高或发生其他意外时，也可打开螺旋夹，使系统与大气相通。

2.3.5　操作练习

如图 2-6（b）在烧瓶中加入 5mL 苯胺和 20mL 水，接收瓶放冰水浴中。操作前，应检

---

❶　水的蒸发潜热较大。

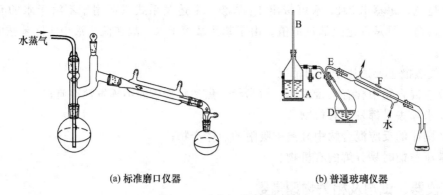

(a) 标准磨口仪器   (b) 普通玻璃仪器

图 2-6　水蒸气蒸馏装置

A—水蒸气发生器；B—平衡安全管；C—水蒸气导管；D—长颈圆底烧瓶；E—馏出液导管；F—冷凝管

查水蒸气蒸馏装置，必须严密不漏气。开始蒸馏时，应先打开 T 形管上的螺旋夹，用电炉加热水蒸气发生器，当有蒸气从 T 形管冲出时，旋紧螺旋夹，使水蒸气通入圆底烧瓶。水蒸气同时起加热、搅拌和带出有机物蒸气的作用。当冷凝管中出现浑浊液滴时，调节火焰，使馏出液的速度为 2～3 滴/s。为使水蒸气不在圆底烧瓶中过多冷凝，特别是在室温较低时，可用小火加热烧瓶。蒸馏时应随时注意安全管中水柱的高度，防止系统堵塞。一旦发生水柱不正常上升或烧瓶中的液体有倒吸现象，则应立刻打开螺旋夹，移去火焰，找出发生故障的原因，排除故障后，才能继续蒸馏。当馏出液澄清透明，不再有油滴时❶，即可停止蒸馏。这时，要先松开 T 形管的螺旋夹，再移去火焰，以防烧瓶中的液体倒吸。

　　流出物用冰水充分冷却，记录体积，计算收率。

2.3.6　思考题

　　① 水蒸气蒸馏时，如何判断有机物已完全蒸出？

　　② 水蒸气蒸馏时，随着蒸气的导入，蒸馏瓶中液体越积越多，以致使液体冲入冷凝器中，怎样避免这一现象？

2.4　减压蒸馏

2.4.1　实验目的

　　① 理解减压蒸馏的原理；

　　② 掌握减压蒸馏操作方法。

2.4.2　实验原理

　　液体的沸点与外界施加于液体表面的压力有关，随着外界施加于液体表面压力的降低，液体的沸点下降。沸点与压力的关系可近似用下式表示：

---

　　❶ 可用盛清水的试管收集 1～2 滴馏出液，观察有无油滴。也可在馏出液澄清后再多蒸出 10～20mL 的透明液体，才能停止蒸馏。

$$\lg P = A + \frac{B}{T}$$

式中，P 为蒸气压；T 为沸点（热力学温度）；A、B 为常数。

如果用一个真空泵（水泵或油泵）与蒸馏装置相连接成为一个封闭系统，使系统内的压力降低，这样就可以在较低的温度下进行蒸馏，这种操作叫减压蒸馏。

减压蒸馏是分离、提纯液体有机化合物的一种重要方法。适用于分离、提纯在常压下蒸馏未到沸点即发生分解、氧化或聚合的化合物。

一些高沸点有机化合物，当压力降低到 2.67kPa（20mmHg）时，其沸点要比常压下的沸点低 100～120℃。减压蒸馏前，可通过图 2-7 所示的沸点-压力的经验计算图近似地估算出某化合物的沸点，即从某一压力下的沸点推算出另一压力下的沸点。

例如，水杨酸乙酯常压下的沸点为 234℃，欲找出在 2.67kPa（20mmHg）❶ 时的沸点温度为多少。可在图 2-7 的 B 线上找出相当于 234℃ 的点，将此点与 C 线上 20mmHg 处的点连成一直线，把此线延长与 A 线相交，其交点所示的温度就是水杨酸乙酯在 2.67kPa（20mmHg）时的沸点，约为 118℃。

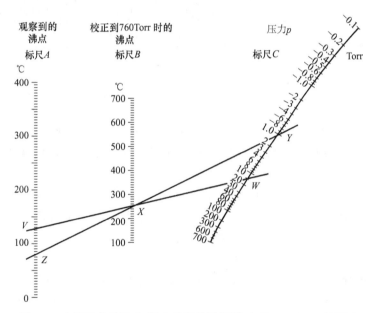

图 2-7　有机液体的沸点-压力的经验计算图（1Torr＝133.3222Pa）

2.4.3　仪器、试剂及相关物理常数

（1）**仪器**　圆底烧瓶、冷凝管、接收器、水银压力计、净化塔、吸滤瓶、减压泵等。

（2）**试剂**　己二酸二甲酯和己二酸二丁酯混合物。

（3）**相关物理常数**　己二酸二甲酯为无色透明液体，不溶于水，溶于醇、醚，分子量 174.19g/mol，沸点 109～110℃（14mmHg）。己二酸二丁酯为无色或浅黄色透明油状液体，有特殊气味，不溶于水，溶于醇、醚，相对分子质量 258.35，沸点 168℃（10mmHg）。

---

❶　按国际单位制，压力的单位应该是 Pa，1mmHg＝133.322Pa；0.1MPa＝1atm。

2.4.4 实验技术

减压蒸馏装置如图 2-8 所示，一般由三部分组成：蒸馏部分、抽气减压部分及保护和测压部分。

（1）蒸馏部分 减压蒸馏烧瓶通常用克氏蒸馏烧瓶，也可由圆底烧瓶和克氏蒸馏头组成。克氏蒸馏头一侧瓶口插有温度计，而另一瓶口插有毛细管 C 的螺口接头，毛细管的下端伸到离烧瓶底 1～2mm 处，其上端接一短橡皮管，在橡皮管中插入一根直径约为 1mm 的金属丝，用螺旋夹 D 夹住，以调节进入烧瓶的空气量，使液体保持适当程度的沸腾（见图 2-8）。

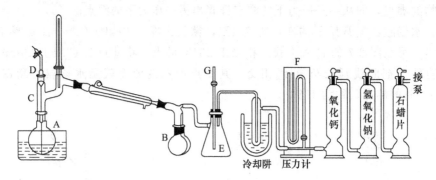

图 2-8　减压蒸馏装置

A—反应器；B—接收器；C—毛细管；D—螺旋夹；E—缓冲用的吸滤瓶；F—水银压力计；G—二通旋塞

减压蒸馏时，空气由毛细管进入烧瓶，冒出小气泡，成为液体沸腾的汽化中心，同时又起一定的搅拌作用。这样可以防止液体暴沸，使沸腾保持平稳，这对减压蒸馏是非常重要的。

减压蒸馏装置中的接收器 B 通常用圆底烧瓶（不能用平底烧瓶或锥形瓶）。蒸馏时，若要收取不同的馏分而又要不中断蒸馏，则可用多头接引管，多头接引管的上部有一个支管，由此支管抽真空。多头接引管与冷凝管的连接磨口要涂有少许凡士林，以便转动多头接引管，使不同的馏分流入指定的接收器中。

（2）抽气减压部分 实验室通常用水泵和油泵进行抽气减压。水泵能使系统压力降 2.00～3.33kPa（15～25mmHg），这对一般减压蒸馏已经可以了。使用油泵要注意油泵的防护保养，禁止有机物质、水、酸等蒸气侵入泵内。易挥发有机物质的蒸气可被泵内的油所吸收，把油污染，降低油泵的效率，水蒸气凝结在泵里，会使油乳化，也会降低泵的效率，酸会腐蚀泵。

对于那些因减压而可能被抽出来的沸点较低的组分，也可在接收器和净化塔之间装上冷阱，根据具体情况可以选用冰-水、冰-盐或干冰-丙酮等冷却剂，将冷阱浸入盛有冷却剂的广口保温瓶中。

（3）保护和测压部分 用油泵进行减压蒸馏时，在接收器和油泵之间，应顺次装上缓冲瓶、水银压力计、净化塔。减压蒸馏装置内的压力，可用水银压力计来测定。如图 2-8 中所示的水银压力计。装置中的压力是这样测定的：先记录下压力计中两臂水银柱高度的差值（毫米汞柱），然后从当时的大气压力（毫米汞柱）减去这个差值，即得蒸馏装置内的压力。为了保护油泵，应在油泵前安装净化塔，净化塔里依次装有无水氯化钙、粒状氢氧化钠和活性炭（或分子筛、石蜡片等），以除去水蒸气、酸气和有机物蒸气。

2.4.5　操作练习

利用减压蒸馏法分离、提纯己二酸二甲酯和己二酸二丁酯混合物。

量取 20mL 待蒸馏样品，安装减压蒸馏实验装置。在开始蒸馏以前，首先检查装置的气密性，以及装置能减压到何种程度。先用螺旋夹 D 把套在毛细管 C 上的橡皮管完全夹紧，打开二通旋塞 G，然后开动油泵。逐渐关闭二通旋塞 G，从水银压力计观察装置所能达到的减压程度❶。

装置完全合乎要求后，开始加热，逐渐升温，使馏出液流出的速度为 1～2 滴/s。在蒸馏过程中，应注意水银压力计的读数，记录下反应时间、压力、液体沸点、馏出液流出的速度等数据。

蒸馏完毕时，停止加热，慢慢地打开二通旋塞 G，使装置与大气相通（注：这一操作须特别小心，一定要慢慢地旋开旋塞，使压力计中的水银柱慢慢地恢复到原状，如果引入空气太快，水银柱会很快地上升，有冲破 U 形管压力计的可能）。然后关闭油泵，待装置内的压力与大气压力相等后，方可拆卸仪器。

2.4.6　思考题

① 减压蒸馏过程中如何防止液体暴沸？为何不能加入沸石？
② 为什么减压蒸馏时须先抽成真空后才能加热？
③ 使用油泵减压时，须有哪些吸收和保护装置？其作用是什么？

2.5　萃取

萃取是利用物质在两种互不相溶（或微溶）的溶剂中溶解度或分配系数的不同来进行分离、提取或纯化的操作，是一种常用的分离和提纯方法。通过萃取可以从混合物中提取出所需要的物质，也可洗去混合物中含有的少量杂质。前者的过程称为"萃取"或"抽提"，后者的过程称为"洗涤"。

2.5.1　实验目的

① 理解萃取分离纯化有机化合物的原理；
② 掌握萃取的操作技术。

2.5.2　实验原理

物质在不同溶剂中有着不同的溶解度。在一定温度下，某物质在两种互不相溶的溶剂中的浓度之比为一常数，称为分配系数 K，表示为 $K = c_A / c_B$，其中 c_A、c_B 分别为该物质在两种溶剂中的浓度。

---

❶　如果需要严格检查整个系统的气密情况，可以在泵与缓冲瓶之间接一个三通旋塞。检查时，先开动油泵，待达到一定的真空度后，关闭三通旋塞，这时螺旋夹 D 应完全夹紧（橡皮管内不插入金属丝），空气不能进入烧瓶内，使仪器装置与泵隔绝（此时泵应与大气相通）。如果仪器装置十分严密，则压力计上的水银柱高度应保持不变；如有变化，应仔细观察有可能漏气的地方，找出漏气部位。恢复常压后，才能进行修整。

一般来说，有机物在有机溶剂中的溶解度要比在水中大，因此常利用有机溶剂来提取溶解在水中的有机物。除非分配系数极大，否则只通过一次萃取很难将所需要的化合物从溶液中完全提取出来，因而必须更换新鲜的溶剂再进行多次萃取。假设在体积为 V 的溶剂中溶解的物质质量为 m_0，每次萃取溶剂的体积为 S，经 n 次萃取后，则该物质的残留量 m_n 为：

$$m_n = m_0[KV/(KV+S)]^n$$

由于 $KV/(KV+S)$ 总是小于 1，n 越大，m_n 就越小。所以，用同量溶剂分多次萃取比一次萃取的效率高。实际操作中，一般将同量溶剂分为 3～5 次萃取。

在水溶液中加入一定量的电解质（如氯化钠），利用盐析效应降低有机物和萃取剂在水溶液中的溶解度，可改善萃取效果。

2.5.3　仪器、试剂及相关物理常数

（1）**仪器**　球形冷凝管、分液漏斗、蒸馏装置、抽滤装置、电热套、天平等。
（2）**试剂**　苯甲酸和萘混合物、乙醚、8% NaOH、无水 $CaCl_2$、浓盐酸、饱和食盐水。
（3）**相关物理常数**　萘为光亮的片状晶体，具有特殊气味，不溶于水，溶于乙醇和乙醚等，相对分子质量 128.18，熔点 80.5℃，沸点 217.9℃。

2.5.4　实验技术

（1）**液-液萃取**　首先必须选择合适的萃取溶剂，以保证萃取效果，选择的依据为：不与原溶剂互溶；对被萃取物质有较大的溶解度，而对杂质的溶解度小；纯度高、沸点低、化学稳定性好、毒性小、价格低。在实际工作中，涉及最多的是对水溶液中物质的萃取。一般来说，难溶于水的物质可用石油醚萃取；水溶性较大的用苯或乙醚；易溶于水的用乙酸乙酯等。

最常用的萃取仪器是分液漏斗❶。要求分液漏斗的容积比萃取液和溶剂的总体积大一倍以上。实际操作中，首先将分液漏斗的活塞、磨口擦干，在活塞表面涂少量润滑脂，小心塞上活塞，旋转几圈至涂层均匀透明。加少量水后振摇，观察分液漏斗有无渗透现象。然后关好活塞，从上口依次加入被萃取液和萃取剂。塞好上口塞子（注意此塞上的刻槽应与上口小孔错开；此塞子不涂润滑脂），用右手手掌抵住顶塞，手握漏斗，左手握住活塞部位，拇指压住活塞，进行水平振摇［见图 2-9 （a）］。开始时振摇要慢，并注意经常放气（漏斗斜向上朝无人处旋开活塞），以平衡内外压力［见图 2-9 （b）］。充分振摇后，将分液漏斗置于铁圈上，静置。待两层液体完全分层后，将顶部塞子的塞槽与漏斗上口小孔对齐，慢慢旋开活塞，放出下层液体。当两液体界面接近活塞时，减缓流速，以保证分离彻底。最后，将上层液体从上口倒出，切不可从下口放出。

洗涤过程的操作同上，常用的洗涤液有稀碱液、稀酸液和水等。

在萃取或洗涤过程中，尤其是当溶液呈碱性时，常常会出现乳化现象，致使分离困难，因此应避免剧烈振摇。若已发生乳化，可通过较长时间的静置，或加少量电解质，如氯化钠等来破乳❷。

---

❶　分液漏斗使用后，应用水冲洗干净，玻璃塞子用薄纸包裹后塞回去存放。
❷　如果已形成乳浊液，且一时又不易分层，可采用以下方法破乳：a. 加入食盐；b. 加几滴醇类物质（乙醇、异丙醇、丁醇或辛醇）；c. 若因溶液碱性乳化，可加少量稀硫酸；d. 通过离心机离心。

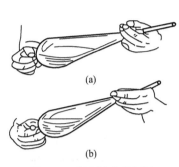

(a)

(b)

图 2-9　分液漏斗的振摇

图 2-10　索氏提取器

（2）固体物质的萃取　固体物质的萃取通常使用索氏提取器（虹吸器）（见图 2-10）。提取装置通常由圆底烧瓶、虹吸器、回流冷凝管组成。萃取时，先将固体研细放入滤纸筒内，然后滤纸筒置于虹吸器中，圆底烧瓶中装有萃取液。加热圆底烧瓶，当烧瓶中的溶剂（萃取剂）蒸气从冷凝管凝结下来时，滴到固体被提取物上，被提取物就溶解在热的溶剂相中，溶剂升高到一定高度，会从侧面的虹吸管流回圆底烧瓶。然后烧瓶内溶剂又重新被蒸发、冷凝，浸泡被提取物等，重复上述提取过程，最后所要的提取物就会富集到下面的烧瓶中。

2.5.5　操作练习——用萃取法分离苯甲酸和萘的混合物

　　称取 5g 苯甲酸-萘混合物置于圆底烧瓶中，加入 35mL 乙醚❶和 2 粒沸石，安装回流冷凝装置，加热使固体溶解。待固体全部溶解后，稍冷，将此溶液倒入分液漏斗中，用 20mL 8% NaOH 萃取 3 次，合并碱萃取液，用浓盐酸中和该碱液至酸性，析出固体，抽滤得苯甲酸。

　　所得醚液用 20mL 饱和食盐水洗涤 2 次，然后用蒸馏水洗至中性，无水 $CaCl_2$ 干燥后，将醚液移入烧瓶中，水浴蒸馏，蒸出大部分乙醚，待有大量固体萘析出后，停止蒸馏，取出，自然晾干。

2.5.6　思考题

　　① 萃取和洗涤有何异同？
　　② 使用分液漏斗时应注意哪些问题？

2.6　重结晶

　　在合成中得到的固体产物往往是不纯的，常常含有一些副产物、未反应完的原料和一些

---

　　❶ 乙醚溶液加热前要进行过氧化物检测。方法：用酸性淀粉碘化钾试纸检验，若试纸变蓝表明有过氧化物存在，需加入亚硫酸氢钠，使过氧化物反应掉后方可进行蒸馏，否则危险。

杂质。提纯固体化合物的有效方法是重结晶。其原理是根据混合物中各组分在某种溶剂中的溶解度不同而使它们相互分离。重结晶一般适用于杂质含量小于5%的固体物质的提纯。重结晶提纯法的一般过程如下。

2.6.1 实验目的

① 理解重结晶原理；
② 掌握重结晶操作。

2.6.2 实验原理

固体有机物在溶剂中的溶解度与温度有着密切关系，一般情况下温度升高，溶解度增大。选择适当溶剂，把不纯的固体有机物溶解在接近沸点的热溶剂中且接近饱和，这种溶剂冷却后，被提纯物质因溶解度的下降而变成过饱和状态，以结晶或固体状析出，达到分离提纯的目的，而杂质全部或大部分保留在溶剂中，这个过程称为重结晶。

2.6.3 仪器、试剂及相关物理常数

（1）仪器 电热套、烧杯、玻璃棒、布氏漏斗、吸滤瓶、保温漏斗、滤纸等。

（2）试剂 活性炭、乙酰苯胺等。

（3）相关物理常数 乙酰苯胺为白色片状晶体，微溶于冷水，易溶于乙醇、乙醚及热水，相对分子质量135.17，熔点113～114℃。

2.6.4 实验技术

（1）选择合适的溶剂 进行重结晶时，选择理想的溶剂是关键。理想的溶剂应该是：①不与被提纯物质发生化学反应；②在高温时，被提纯物质在溶剂中的溶解度较大，而在低温时，溶解度应该很小；③杂质不溶在热的溶剂中，或者是杂质在低温时极易溶在溶剂中，不随晶体一起析出；④容易与被提纯物分离。常用的重结晶溶剂见表2-1。

表2-1 常用的重结晶溶剂

溶剂	沸点/℃	溶剂	沸点/℃	溶剂	沸点/℃
水	100	乙醚	34.51	四氯化碳	76.54
甲醇	64.96	石油醚	30～60	丙酮	56.2
95%乙醇	78.1	乙酸乙酯	77.06	氯仿	61.7
冰乙酸	117.9	苯	80.1		

当难以选出一种合适的溶剂时也可采用混合溶剂。混合溶剂一般由两种或两种以上可任意互溶的溶剂按一定比例混合而成，其中一种对被提纯物溶解度较大，而另一种溶解度较小，常用的混合溶剂有：乙醇-水，乙醚-甲醇，乙酸-乙醚，乙醇-丙酮，乙酸-水，丙酮-水，乙醇-氯仿，乙醚-丙酮，乙醚-石油醚，苯-石油醚。

（2）配制热饱和溶液 将粗产品溶于适宜的热溶剂中制成饱和溶液，固体的溶解应视溶剂的性质不同选择适当的加热和操作方式，如乙醚作溶剂时必须避免明火加热，用易挥发的有机溶剂溶解应在回流操作下进行。

（3）活性炭脱色及热过滤 若所得溶液混有一些有色杂质，或有时溶液中存在少量树脂

状物质或极细的不溶性杂质时，则应在溶液稍冷后加入适量活性炭❶，不断搅拌，然后再加热煮沸 5～10min。

脱色后应趁热迅速进行热过滤。用布氏漏斗或砂芯漏斗进行减压抽滤较为方便、快捷，将布氏漏斗的下端斜面对着抽滤瓶的侧口。不要反装，以防溶液被抽到抽气装置中。滤纸要比布氏漏斗的内径略小，但必须将漏斗的小孔完全覆盖。抽滤前应先用少量溶剂润湿滤纸，待滤纸紧贴后迅速倒入热的待过滤液，并用极少量热溶剂洗涤锥形瓶及活性炭等。

（4）冷却、结晶、干燥　将上述热抽滤液及洗涤液合并后静置，自然冷却❷。若至室温仍无晶体析出，可用玻璃棒在液面下摩擦器壁或投入该化合物的晶体作晶种，以使晶体尽快析出。

待结晶完全析出后，用布氏漏斗抽滤。晶体用少量冷溶剂洗涤 1～2 次（洗涤时应停止抽气，用溶剂将晶体润湿片刻再抽滤），取出晶体，选用适当的方法干燥。干燥后的产品称重，计算回收率。

2.6.5　操作练习——分离提纯 2g 粗乙酰苯胺

在 250mL 锥形瓶中加入 2g 粗乙酰苯胺、1 粒沸石和适量水（根据苯甲酸溶解度计算），加热沸腾，使苯甲酸溶解。若在沸腾状态下尚未完全溶解，可酌情补加一些，直至样品全部溶解。移去热源，稍冷加入适量活性炭，继续煮沸几分钟。

在上述操作的同时，将减压抽滤的布氏漏斗和吸滤瓶充分预热。将脱色后的样品迅速进行过滤，滤液立即转移到干净的烧杯中，充分冷却后，再抽滤，滤饼进行干燥、称重。

2.6.6　思考题

① 如果溶剂量过多造成晶体析出太少或根本不析出，应如何处理？
② 用有机溶剂和用水作溶剂进行重结晶时，在仪器装置和操作上有什么不同？

2.7　薄层色谱

2.7.1　实验目的

① 理解薄层色谱的原理及其应用；
② 掌握薄层色谱的操作技能。

2.7.2　实验原理

薄层色谱是一种微量、快速的色谱方法。它不仅可以用于纯物质的鉴定，也可用于混合物的分离、提纯及含量的测定。根据分离的原理不同，薄层色谱可以分为两类：用吸附剂铺成的薄层所进行的色谱是吸附薄层色谱；用纤维素粉、硅胶、硅藻土为支持剂铺成的薄层，属于分配薄层色谱。薄层色谱中以吸附薄层为多用，吸附薄层中常用的吸附剂为氧化铝和

---

❶ 活性炭用量一般为粗产品质量的 1%～5%。
❷ 结晶时迅速冷却或剧烈搅动都会使所得晶体颗粒细小。

硅胶。

薄层色谱的原理：利用混合物中各组分在某一物质中的吸附或溶解性能（即分配）的不同，或其他亲和作用性能的差异，使混合物的溶液流经该物质时进行反复的吸附或分配等作用，从而将各组分分开。

薄层色谱可分为：①吸附色谱，是用硅胶、氧化铝等吸附剂铺成的薄层；②分配色谱，是由支持剂如硅胶纤维素等铺成的薄层；③离子交换色谱，是由含有交换基因的纤维素铺成的薄层。最常用的吸附剂有硅胶和氧化铝两种。硅胶略具酸性，适用于酸性和中性物质的分离和分析。薄层色谱用的硅胶分为硅胶 H——不含黏合剂；硅胶 G——含煅石膏作黏合剂；硅胶 HF_{254}——既含煅石膏又含荧光物质，可在波长 254nm 紫外光下观察等类型。氧化铝也因含黏合剂或荧光剂而分为氧化铝 G、氧化铝 GF_{254} 及氧化铝 HF_{254}。

当温度、流动相等实验条件固定时，某化合物的比移值 R_f 就是一个特定的常数❶，因此可作定性分析的依据，比移值 R_f 是表示色谱图上斑点位置的一个数值，它可用下式计算。有时鉴定也经常采用标准样品在同样条件下做对比实验。

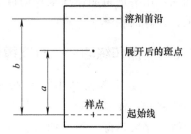
图 2-11　展开结果示意

$$R_f = a/b$$

式中，a 为溶质的最高浓度中心至样点中心距离；b 为溶剂的前沿至样点中心的距离。详见图 2-11。

良好的分离，比移值应在 $0.15 \sim 0.75$，否则应该调换展开剂重新展开。影响比移值的因素很多，如温度、展开剂等。因此它虽然是每个化合物的特性常数，但由于实验条件的改变而不易重复。所以在鉴定一个具体化合物时经常采用已知标准试样在同样条件下做对比实验。

2.7.3　仪器、试剂及相关物理常数

（1）仪器　色谱缸、载玻片、研钵、药勺、台秤、烧杯、量筒、称量纸、铅笔、格尺。

（2）试剂　羧甲基纤维素钠、硅胶 GF_{254}、苏丹红、苏丹黄、偶氮苯、三氯甲烷、蒸馏水。

（3）相关物理常数　羧甲基纤维素钠白色絮状粉末，无臭，无味，无毒。易溶于水，形成透明胶状液，溶液呈中性。对光、热稳定，有吸湿性。相对分子质量 263，熔点 300℃。

苏丹红红棕色粉末。易溶于苯，溶于氯仿、乙醇、石油醚等。相对分子质量 352，熔点 199℃。苏丹黄相对分子质量 248，熔点 155℃。用作生物染色剂和石油着色剂等。

偶氮苯橙色至红色晶体，不溶于水，溶于醇、醚。相对分子质量 182，沸点 293℃，熔点 66℃。三氯甲烷不溶于水，溶于醇、醚、苯等。相对分子质量 119，沸点 61.3℃，熔点 66℃。

---

❶　R_f 值指样品中某种成分在纸色谱或薄层色谱特定溶剂系统中移动的距离与流动相前沿的距离之比。在给定的条件下（吸附剂、展开剂、板层厚度等），化合物移动的距离和展开剂移动的距离之比是一定的，即 R_f 值是化合物的物理常数，其大小只与化合物本身的结构有关，因此可以根据 R_f 值鉴别化合物。化合物的吸附能力与它们的极性成正比，具有较大极性的化合物吸附较强，因此 R_f 值较小。

2.7.4 实验技术

（1）薄层板的制备❶

① 准备薄层载玻片 实验用薄层载玻片为 $7.5cm \times 2.5cm$ 的载玻片，水洗，干燥。取用时应用手指接触载玻片的边缘，避免指印玷污载玻片的表面，否则吸附剂将难以铺在载玻片上。

② 制备羧甲基纤维素钠水溶液 制成的浆料要均匀，不带团块，黏稠适当。为此，应注意以下几项：最好提前一天按 0.35% 羧甲基纤维素钠（CMC）浓度计算称取羧甲基纤维素钠粉末，搅拌下溶解在一定量的蒸馏水中，放置过夜；采用水泵抽滤一遍得到羧甲基纤维素钠澄清液。

③ 制备硅胶浆液 在研钵中，硅胶吸附剂慢慢地加至羧甲基纤维素钠水溶液中，边加边搅拌，不断研磨搅拌成均匀的稀糊；一般 1.0g 硅胶 GF_{254} 需要 0.35% 羧甲基纤维素钠（CMC）清液 3～4mL。

④ 制备薄层板 用药匙取一定量，倒在载玻片上，均匀涂布成 0.25～0.5mm 厚度，轻轻振动玻璃板，使薄层面平整均匀，在水平位置放置，待薄层发白近干。薄层的厚度应均匀，否则，在展开时溶剂前沿不齐。

⑤ 薄层板活化 在室温下晾干（薄层板发白）后，放在烘箱中渐渐升温，105～110℃活化 30min，取出稍冷放入干燥器中备用。

（2）点样 用铅笔在距薄层板一端 1cm 处轻轻画一横线作为起始线，分别用内径小于 1mm 端口平整毛细管吸取样品溶液，垂直地轻轻接触到薄层的起点线上，称为点样。点样后斑点直径扩散成 1～2mm 圆点为宜。

（3）展开 根据样品的极性、溶解度、吸附剂的活性等因素选择展开剂。溶剂的极性越大，对化合物的洗脱也越大，即 R_f 值也越大。适宜的展开剂应使样品的 R_f 值在 0.15～0.75。

薄层的展开须在展开室中进行。先将展开剂放在展开室中，液层高约 0.5cm，盖好展开室盖，使展开剂蒸气饱和 5～10min。再将点好样品的薄板放入展开室中（见图 2-12）展开（展开剂液面高度应低于样品斑点）。

在展开过程中，样品斑点随着展开剂向上迁移，当展开剂前沿移至距薄层板上边 0.5～1cm 时，立即取出薄层板，用铅笔画出前沿线的位置，晾干后进行显色。

（4）显色 如果化合物本身有颜色，展开后就可直接观察它的斑点。但大多数有机化合物是无色的，看不到色斑，只有通过显色才能使斑点显现。常用的显色方法有显色剂法和紫外光显色法。

① 显色剂法：在溶剂蒸发前用显色剂喷雾显色。不同类型的化合物需选用不同的显色剂，一些常用显色剂的配制及使用范围。见附录 8。

② 紫外光显色法：用硅胶 GF_{254} 制成的薄板，由于加入了荧光剂，在紫外灯下观察，展

---

❶ 一块合格薄层色谱首先要求具有适中的厚度和粉末密度，粉末不能太薄也不能太厚。其次必须平整，不能有高有低，尤其远远地区不能有和中心厚度不一的情况；其次薄层色谱要经过烘箱活化，此时烘箱处理后不能出现开裂现象；厚度不均绝对会影响展开的效果，有时候甚至会让你的样点路径偏移，因为厚薄不一导致有些地方展开剂上升速率和其他地方不同。

开后的有机化合物在亮的荧光背景上呈暗色斑点，此斑点就是样品点。用各种显色方法使斑点显色后，应立即用铅笔圈好斑点的位置，以方便计算 R_f 值。

2.7.5 操作练习——用薄层色谱分析苏丹红、苏丹黄、偶氮苯

用铅笔在距薄层板一端 0.5cm 处轻轻画一横线作为起始线，分别用内径小于 1mm 端口平整毛细管吸取苏丹红、偶氮苯的三氯甲烷溶液及苏丹红、苏丹黄与偶氮苯三者的混合溶液，分别点于起始线上（每个点间隔 1.5cm），吹干样品点上溶剂。

展开室中装有配比为 9∶1 的正庚烷与乙酸乙酯混合液，将上面点好样品的薄层板放入展开室中，盖上展开室盖，待展开剂前沿离顶端 1cm 附近时，将色谱板取出，用铅笔标记前沿到达的位置，记下原点至主斑点中心的距离，计算比移值（R_f）。

2.7.6 思考题

① 展开剂的高度若超过了点样线，对薄层色谱有何影响？

② 薄层色谱完成后，薄层板上如果只显示出一个斑点，是否能说明是一种物质？为什么？

③ 样品斑点过大对分离效果会产生什么影响？

第3章 有机化合物性质实验

有机化合物的性质实验包括元素分析及官能团分析两方面内容。通过元素分析可以知道有机化合物的元素组成，为元素的定量分析和官能团定性分析奠定基础。官能团定性分析是利用有机化合物中各官能团的不同特性，可与某些试剂作用产生的特殊现象（如颜色、沉淀、或气体气味等），来确定是否含有某些官能团。官能团定性实验具有操作简便、反应快的特点，可用于有机化合物结构的确定。随着科技的发展，目前有机物分析领域已出现了多种现代化的的分析仪器，其中色谱、质谱、红外光谱及紫外光谱、核磁共振等已普遍应用于有机化合物的分离、纯化及结构的鉴定，但经典的化学法仍是一种很有效的方法。本章主要介绍官能团的定性实验。

3.1 烃的性质

3.1.1 实验目的

① 理解不同烃类的性质与结构的关系；
② 掌握乙炔的制备及各种烃的鉴别方法。

3.1.2 实验原理

烃类化合物根据其结构不同可分为：脂肪烃和芳香烃。脂肪烃又可分为烷烃、烯烃和炔烃等。不同结构的烃具有不同的性质。

烷烃（饱和烃）分子中只含有 C—H 与 C—C 键，在通常条件下很稳定，难以发生氧化、取代等反应，表现出化学性质不活泼。

烯烃、炔烃（不饱和烃）分子中含有 C＝C 与 C≡C 键，易发生加成和氧化反应。如烯烃和炔烃可以与溴发生加成反应，使溴的红棕色消失。当两者被碱性高锰酸钾溶液氧化时，可使紫色高锰酸钾溶液褪色生成褐色的二氧化锰沉淀。

与硝酸银或氯化亚铜的氨溶液生成白色或砖红色沉淀可用以鉴别端炔 [（H）RC≡CH]。

芳香烃由于具有芳香性，容易发生亲电取代反应而不易发生氧化和加成反应。苯环上的氢常被−X、−NO_2、−SO_3H、−R、−COR 等取代。必须注意发生二取代时，第二个取代基取代的活性及位置与第一个取代基的性质有关。

3.1.3 实验步骤

（1）乙炔的制备 在 250mL 干燥的两口圆底蒸馏烧瓶中加入 6g 碳化钙（电石），其一瓶口安装恒压滴液漏斗❶，另一瓶口连接装有饱和硫酸铜溶液的洗气瓶❷，从恒压漏斗中加入 15mL 饱和食盐水❸，小心打开活塞使食盐水慢慢滴入烧瓶中，即有乙炔生成。注意控制反应速率。

（2）与溴的四氯化碳溶液反应 在干燥的试管中加入 2mL 2% 的溴的四氯化碳溶液，加入 4 滴试样（用乙炔时，则往试管溶液中通入乙炔气体 1～2min，下同），振荡，观察实验现象并解释。

试样：环己烷、环己烯、乙炔、苯。

（3）与高锰酸钾溶液反应 在干燥的试管中加入 2mL 1% 的高锰酸钾溶液，加入两滴试样，振荡，观察实验现象并解释。

试样：环己烷、环己烯、乙炔、苯。

（4）鉴别炔类化合物的反应

① 与银氨溶液的反应❹ 在试管中加入配好的银氨溶液 2mL，通入乙炔气体，观察现象并解释。试验完毕，将所得产物用 1:1 硝酸处理。

② 与铜氨溶液的反应❺ 在试管中加入配好的铜氨溶液 2mL，通入乙炔气体，观察现象并解释。试验完毕将所得产物用 1:1 硝酸处理。

（5）芳香烃的硝化反应 在干燥的试管中加入 3mL 浓硝酸，在冷却条件下逐滴加入 4mL 浓硫酸并振荡，然后将混酸分成两份，分别在冷却条件下滴加 1mL 苯、甲苯。充分振荡，置于 60℃ 水溶液中加热数分钟，然后分别倾入 10mL 冷水中，观察现象并解释❻。

3.1.4 思考题

① 由电石制取乙炔时，所得乙炔可能含有哪些杂质？在实验中应如何除去这些杂质？

② 实验中生成的金属炔化物为什么要用硝酸处理？

③ 现有 3 个试剂瓶，分别装有石油醚（主要为戊烷和己烷）、环己烷和苯乙炔，如何用化学方法鉴别？

④ 甲苯的硝化为何比苯容易？

3.2 卤代烃的性质

3.2.1 实验目的

① 理解不同烃基结构和卤原子对卤代烃化学反应活性的影响；

---

❶ 使用恒压滴液漏斗，可保持反应器和漏斗中的压力平衡，保持食盐水顺利加入。

❷ 碳化钙（电石）中常含有硫化钙、磷化钙等杂质，它们与水作用，产生的硫化氢、磷化氢等有毒气体夹杂在乙炔中，使乙炔具有恶臭味，通过饱和硫酸铜溶液可以把这些杂质氧化除去。

❸ 饱和食盐水代替水，可以平稳而均匀地产生乙炔气体。

❹ 银氨溶液的配制：在试管中加入 1.5mL 2% 的硝酸银溶液，然后一边摇动试管一边滴加 2% 的氨水，直到起初生成的沉淀恰好溶解。

❺ 铜氨溶液的配制：a.1.5g 氯化铜与 3g 氯化铵溶解在 20mL 浓氨水中，用水稀释至 50mL；b.5g 羟胺盐酸盐溶解在 50mL 水中。使用时将 a 和 b 等体积混合。干燥的乙炔银（AgC≡CAg）、乙炔亚铜（CuC≡CCu）受热或者振动时，容易发生爆炸，所以鉴定试验完毕后应立即加浓盐酸或硝酸使之分解，以免发生危险。

❻ 硝基苯有苦杏仁味，有毒，过量吸入或被皮肤吸收可引起中毒。

②　掌握卤代烃的鉴别方法。

3.2.2　实验原理

卤代烃主要化学性质是能发生亲核取代反应（SN），由于反应物的结构不同、反应条件差异和亲核试剂的强弱等因素的影响，卤代烃的亲核取代反应分为单分子亲核取代反应（SN_1）和双分子亲核取代反应（SN_2）两种。一般情况下，极性溶剂、叔卤代烃（烯丙型卤代烃）主要以 SN_1 历程进行；非极性溶剂、伯卤代烃主要以 SN_2 历程进行。

不同烃基结构的卤代烷发生 SN_2 反应时，反应活性的顺序为：CH_3X＞伯卤代烷＞仲卤代烷＞叔卤代烷。

不同烃基结构的卤代烷发生 SN_1 反应时，反应活性的顺序为：叔卤代烃＞仲卤代烃＞伯卤代烃＞CH_3X。

烃基结构相同时，不同的卤原子由于其离去倾向不同而反应概率不同，RI＞RBr＞RCl＞RF，故碘离子可以取代其他卤代烃中的卤原子。

由于不同结构的卤代烃（卤代烷烃、烯丙型卤代烃、苄基型卤代烃、乙烯基型卤代烃、卤代芳烃）发生亲核取代反应的活性不同，利用其差异，卤代烃同硝酸银的醇溶液反应时，生成卤化银的速率不同，可鉴别各种不同类型的卤代烃。烯丙型卤代烃、苄基型卤代烃立即生成沉淀，活泼卤代烷通常在 3min 内生成沉淀，中等活性的卤代烷烃温热生成沉淀，乙烯基型和芳基型卤代烃加热也不产生沉淀。

3.2.3　实验步骤

（1）与硝酸银的反应 ❶

① 烃基结构对反应活性的影响　取 4 支干燥的试管，各加入饱和硝酸银乙醇溶液 1mL，然后分别加入 2～3 滴试样，摇动试管，观察现象并解释 ❷。

试样：1-氯丁烷、2-氯丁烷、2-甲基-2-氯丙烷、苄氯。

② 不同卤原子对反应活性的影响　取 3 支干燥的试管，各加入饱和硝酸银乙醇溶液 1mL，然后分别加入 2～3 滴试样，观察现象并解释。

试样：1-氯丁烷、1-溴丁烷、1-碘丁烷。

（2）与碘化钠丙酮溶液的反应　取 5 支干燥的试管，各加入 2mL 15％碘化钠无水丙酮溶液，然后分别加入 2～3 滴试样，混匀，记录生成沉淀的时间，若 5min 没有沉淀生成，可置于 50℃水浴（勿超过 50℃）中加热 1～2min，冷却，观察现象并解释。

试样：1-溴丁烷、2-溴丁烷、2-甲基-2-溴丙烷、烯丙基氯、溴苯。

3.2.4　思考题

① 硝酸银的反应中为什么要用醇溶液而不用水溶液？

② 卤原子在不同的反应中的反应类型为什么总是 RI＞RBr＞RCl？

③ 为什么卤代烷消去反应用 KOH 醇溶液而不用 KOH 水溶液？

---

❶　所用试管一定要用去离子水冲洗 1～2 次，且经干燥，否则由于自来水中微量的氯离子与硝酸银-乙醇溶液反应生成沉淀，干扰实验结果。

❷　实验现象不明显时可微热。

3.3 醇和酚的性质

3.3.1 实验目的

① 理解醇类和酚的重要化学性质；
② 掌握醇和酚的鉴别方法。

3.3.2 实验原理

在醇分子中由于羟基能够和水分子之间形成氢键，因此，低级的一元醇和多元醇在水中的溶解度较大。

醇的主要化学性质为取代反应、脱水反应和氧化反应。醇可同活泼金属钠反应放出氢气、生成强碱（RONa），醇钠遇水时可水解得到醇和氢氧化钠；伯醇、仲醇、叔醇与氢卤酸的反应速率明显不同，可与卢卡斯（Lucas）试剂反应，根据呈现浑浊的快慢（叔醇＞仲醇＞伯醇），鉴别 6 个碳以下的伯醇、仲醇、叔醇。

伯醇、仲醇容易发生氧化反应，可使高锰酸钾溶液褪色，可鉴别醇类（伯醇或仲醇），叔醇一般不被氧化。

多元醇能与新制的氢氧化铜反应生成能溶于水的绛蓝色或蓝紫色配合物，可鉴别邻位多元醇。

醇类化合物具有弱酸性，与强碱作用下生成酚盐而溶于水，酸化后可使酚游离出来；大多数酚与三氯化铁溶液作用生成有颜色的配合物，鉴别酚类化合物；酚羟基对芳香环上的亲电取代反应具有活化作用，使苯环易发生取代反应，如苯酚和饱和溴水生成三溴苯酚白色沉淀，此反应也可鉴别苯酚；酚类化合物容易被氧化，生成有色物质。

3.3.3 实验步骤

（1）醇的性质

① 比较醇的同系物在水中的溶解度　在 4 支试管中各加入 2mL 水，然后分别滴加甲醇、乙醇、丁醇、辛醇各 10 滴，振荡观察溶解情况，如已溶解则再加 10 滴样品，观察，从而可得出什么结论？

② 醇钠的生成及水解❶　在一干燥的试管中，加入 1mL 无水乙醇❷，投入一小粒钠，观察现象，检查气体，待金属钠完全消失后，向试管中加入 2mL 水，滴加酚酞指示剂，观察现象并解释。

③ 醇与卢卡斯试剂❸的反应　在 3 支干燥的试管中，分别加入 0.5mL 正丁醇、仲丁醇、叔丁醇，再加入 2mL 卢卡斯试剂，充分振荡后静置，保持 26～27℃，观察最初 5min

---

❶ 本实验应在绝对无水条件下进行。另外除醇外，某些醛、酮、羧酸等含活泼氢的物质也能和钠反应放出氢气，因此在实际工作中很少利用此性质鉴定醇类。

❷ 醇与钠反应时一定要用无水乙醇，未反应完的金属钠要用醇处理，不能直接倒入水中。

❸ 卢卡斯（Lucas）试剂的配制：称取 34g 无水氯化锌，放在蒸发皿中强热熔融，稍冷后放入干燥器中冷却至室温。取出研碎，加入 23mL 浓盐酸溶解（溶解时应不断搅拌，并将容器放在冷水浴中冷却，以防氯化氢逸出）。配好的试剂存放在玻璃瓶中。此试剂一般在使用前现用现配。

及 1h 后混合物的变化，并解释❶。

④ 与高锰酸钾溶液的反应　在试管中加入 1mL 试样，滴入 2 滴 1％的高锰酸钾溶液，振荡，微热观察现象并解释。

试样：乙醇、异丙醇、叔丁醇。

⑤ 多元醇与氢氧化铜的反应　用 6mL 5％氢氧化钠及 10 滴 10％的硫酸铜溶液配制成新鲜的氢氧化铜然后一分为二，取 5 滴多元醇样品滴入新鲜的氢氧化铜中，观察现象并解释。

试样：乙二醇、甘油。

（2）酚的性质

① 苯酚的酸性　在试管中盛放苯酚的饱和水溶液 1mL，用玻璃棒蘸取一滴于 pH 试纸上试验其酸性。

两支试管分别取 2mL 苯酚饱和水溶液，第一份中逐滴加入 5％的氢氧化钠溶液至澄清后，滴加稀盐酸溶液至酸性，观察实验现象并解释；第二份中加入 1moL/L 的碳酸氢钠溶液，观察实验现象并解释。

② 苯酚与溴水作用　取苯酚饱和水溶液 2 滴，用水稀释至 2mL，逐滴加入饱和溴水，产生白色沉淀，继续滴加至淡黄色，将混合物煮沸 1～2min，冷却，再加入 1％的 KI 溶液数滴及 1mL 苯，用力振荡，观察现象并解释❷。

③ 苯酚的硝化　在干燥的试管中加入 0.5g 苯酚，滴入 1mL 浓硫酸❸，沸水浴加热并振荡，冷却后加水 3mL，小心地逐滴加入 2mL 浓硝酸振荡❹，置沸水浴加热至溶液呈黄色，取出试管，冷却，观察现象并解释。

④ 苯酚的氧化　取苯酚饱和水溶液 3mL，置于干燥的试管中，加 5％的碳酸钠溶液 0.5mL 及 0.5％的高锰酸钾溶液 1mL，振荡，观察现象。

⑤ 酚与氯化铁反应　取酚饱和水溶液 2 滴于试管中，加入 2mL 水，用力振动，再加入 1 滴新配制的 1％的氯化铁溶液，观察现象❺。

试样：苯酚、对苯二酚、连苯三酚。

3.3.4　思考题

① 什么情况下可用卢卡斯试剂鉴别伯醇、仲醇与叔醇？

② 做乙醇与钠反应的实验时，为什么要用无水乙醇，而做醇的氧化实验时可以用 95％的乙醇？

③ 如何鉴别醇和酚？

---

❶　在实验室中常用它来鉴别 6 个碳以下的一元醇。6 个碳以下的一元醇可以溶解在卢卡斯试剂中，而生成的卤代烃因不溶而呈现浑浊，根据呈现浑浊的快慢即可鉴别不同的醇。6 个碳以上的醇类不溶于卢卡斯试剂，与试剂混合即变为浑浊，观察不出反应是否发生。

❷　苯酚与溴水反应生成 2,4,6-三溴苯酚白色沉淀，继续加溴水则生成 2,4,4,6-四溴-2,5-环己二烯酮黄色沉淀，此沉淀易溶于苯，与碘化钾在酸性溶液中反应析出碘，本身被还原为 2,4,6-三溴苯酚。

❸　由于苯酚易被浓硝酸氧化，因此加入浓硝酸之前先进行磺化，利用磺酸基将邻、对位保护起来，用—NO_2 置换—SO_3H，所以本实验顺利完成的关键步骤是磺化这一步要较完全。

❹　加浓硫酸前溶液必须充分冷却，否则会有冲出的危险。

❺　大多数酚都能与氯化铁反应生成有色配合物，通常呈现的颜色为绿色、黄色、紫色等。生成何种颜色，取决于化合物的结构。

3.4 醛和酮的性质

3.4.1 实验目的

① 进一步加深对醛、酮主要化学性质的理解和认识；
② 掌握鉴别醛、酮的化学方法。

3.4.2 实验原理

醛和酮的主要化学性质是易于发生亲核加成反应，如与 2,4-二硝基苯肼反应生成腙，产物为黄色或橙色晶体，可用于鉴别醛和酮；与饱和亚硫酸氢钠的加成反应中，由于空阻效应，只有醛和脂肪族甲基酮与过量的亚硫酸氢钠的饱和溶液（40%）在室温下反应，生成白色沉淀析出。

醛和酮的 α-H 受羰基的影响，可发生卤代反应。具有 $CH_3CO—R(H)$ 结构的醛和甲基酮以及具有 $CH_3CH(OH)—H(R)$ 结构的醇能发生碘仿反应，生成黄色结晶碘仿（CHI_3），可用于上述结构化合物的鉴别。

醛可以与席夫（Schiff）试剂反应，显示红色，酮则不反应，并且醛中只有甲醛与 Schiff 试剂反应显示红色，再加硫酸后不褪色。此反应不仅可区别醛和酮，而且可把甲醛和其他醛区别开。

醛比酮易被氧化，不仅能被强氧化剂如铬酸氧化，而且可被弱氧化剂氧化成羧酸，如与托伦（Tollen）试剂作用，生成沉淀 Ag，可用来鉴别醛；脂肪醛与费林（Fehling）试剂或本尼迪克特（Benedict）试剂作用，可生成氧化亚铜砖红色沉淀，而芳香醛和酮则不发生此类反应。

3.4.3 实验步骤

（1）醛、酮的亲核加成反应
① 与 2,4-二硝基苯肼反应 取 4 支试管，各加入 1mL 2,4-二硝基苯肼❶，分别滴加 1~2 滴试样，摇匀静置，观察结晶颜色。

试样：甲醛、乙醛、丙酮、苯甲醛。

② 与饱和亚硫酸氢钠溶液反应 在 4 支试管中分别加入 2mL 新配制的饱和 $NaHSO_3$ 溶液❷，分别滴入 1mL 试样，振荡后置于冰水中冷却数分钟，观察沉淀析出的相对速度❸。

试样：苯甲醛、乙醛、丙酮、3-戊酮。

（2）醛、酮 α-H 的活泼性——碘仿实验 在 5 支试管中，分别加入 1mL 蒸馏水和 3~4 滴试样，再分别加入 1mL 10% 的 NaOH 溶液，然后滴加 KI-I₂ 溶液❹至溶液呈黄色，继续

---

❶ 2,4-二硝基苯肼有毒，操作时要小心。如不慎滴在手上，应先用少量醋酸擦拭，再用水冲洗。

❷ 饱和亚硫酸氢钠溶液的配制：在 40% 的 100mL 亚硫酸钠溶液中，加不含醛的无水乙醇，混合后如有少量的亚硫酸氢钠固体析出则需过滤。此液不稳定，一般在实验前随配随用。

❸ 若无沉淀，可用玻璃棒摩擦试管或加 3mL 左右乙醇并摇匀，再观察现象。

❹ KI-I₂ 溶液配制方法：将 20g 碘化钾溶于 100mL 蒸馏水中，然后加入 10g 研细的碘，搅拌至全溶，得深红色溶液即可。

振荡，溶液的浅黄色消失，析出浅黄色沉淀，若无沉淀，则放在 50～60℃水浴中温热几分钟（若溶液变成无色，应补加 KI-I$_2$溶液），观察结果。

试样：乙醛、丙酮、乙醇、异丙醇、1-丁醇。

（3）醛、酮的区别

① 与席夫（Schiff）试剂反应　在 5 支试管中分别加入 1mL Schiff（品红试剂）❶，然后分别滴加 2 滴试样，振荡摇匀，放置数分钟，然后分别向溶液中逐滴加入浓硫酸，观察现象。

试样：甲醛、乙醛、丙酮、苯乙酮、3-戊酮。

② 与托伦（Tollen）试剂反应　在 5 支洁净的试管中分别加入 1mL 托伦（Tollen）试剂，再分别加入 2 滴试样，摇匀，静置，若无变化，可用 50～60℃水浴温热几分钟，观察现象❷。

试样：甲醛、乙醛、苯甲醛、丙酮、环己酮。

③ 与本尼迪克特（Benedict）试剂反应　在 4 支试管中分别加入本尼迪克特试剂❸各 1mL，再分别加入 3～4 滴试样，摇匀，沸水浴加热 3～5min，观察现象。

试样：甲醛、乙醛、苯甲醛、丙酮。

④ 与费林（Fehling）试剂反应　用费林试剂❹代替本尼迪克特试剂重复上面的实验，观察现象。

⑤ 与铬酸试剂反应　在 6 支试管中分别加入 1 滴试样，然后分别加入 1mL 丙酮，振荡摇匀后再加入铬酸试剂数滴，边加边摇，观察现象❺。

试样：丁醛、叔丁醇、异丙醇、环己酮、苯甲醛、乙醇。

3.4.4　思考题

① 托伦（Tollen）试剂为什么要在临用时才配制？实验完毕后，应该加入硝酸少许，立即煮沸洗去银镜，为什么？

② 如何用简单的化学方法鉴定下列化合物：环己烷、环己烯、环己醇、苯甲醛、丙酮、叔丁醇？

③ 在与亚硫酸氢钠加成反应中，为什么要用新配制而且是饱和的亚硫酸氢钠溶液？

④ 有一位同学做了两次 Tollen 实验，实验时既没有按要求进行，又没有做好记录，结

---

❶　席夫（Schiff）试剂的配制方法：a. 在 100mL 热水里，溶解 0.2g 品红盐酸盐，冷却后加入 2g 亚硫酸氢钠和 2mL 浓硫酸，用水稀释至 200mL 即可。b. 溶解 0.5g 品红盐酸盐于 100mL 热水中，冷却后通入二氧化硫至饱和，加入 0.5g 活性炭，振荡，过滤后稀释至 500mL 即可。

❷　银镜实验中，试管一定要洗干净，否则会出现黑色沉淀而不是银镜。托伦（Tollen）试剂的配制方法：在 20mL 5%的硝酸银溶液中滴入 1～2 滴 10%的氢氧化钠溶液，振荡加入稀氨水（浓氨水∶水＝1∶9），直到生成的沉淀恰好溶解为止即可。

❸　本尼迪克特（Benedict）试剂的配制方法：将 20g 柠檬酸钠和 11.5g 的无水碳酸钠溶于 100mL 热水中。把 2g 五水硫酸铜溶于水中，并将此溶液慢慢滴入到上述溶液中并不断搅拌，该溶液性质稳定。

❹　费林试剂（Fehling）的配制方法：将 3.5g 五水硫酸铜溶于 100mL 水中得淡蓝色溶液 A；将 17g 酒石酸钾钠溶于 20mL 热水中，加入约 20%的氢氧化钠溶液 20mL，混合均匀后也稀释至 100mL 得溶液 B。使用时等体积混合即可。此中酒石酸钾钠的作用是使铜离子形成配合物而不致在碱性溶液中生成氢氧化铜沉淀。

❺　伯醇、仲醇和脂肪醛同铬酸试剂反应，在 5s 内铬酸的橘红色消失并形成绿色、蓝绿色沉淀或乳浊液，芳香醛需 30～60s，叔醇和酮在相同条件下，数分钟内不产生明显变化。这是一种准确迅速鉴别醛和酮的方法，可用丙酮做空白实验。铬酸试剂的配制方法：用重铬酸钾 20g 溶于 40mL 水中加热溶解，冷却，缓慢加入 320mL 浓硫酸即可。

果两次实验的现象是：a. 所有的试剂反应都很难有金属银生成；b. 丙酮也出现了银镜，而丙酮是化学纯。分析产生这些现象的原因。

⑤ 怎样鉴别甲醛、乙醛、丙酮？

3.5 羧酸及衍生物的性质

3.5.1 实验目的

① 熟知羧酸及其衍生物的主要化学性质，了解物质结构与性质之间的关系；
② 掌握羧酸及其衍生物的鉴别方法。

3.5.2 实验原理

羧酸的官能团是羧基（—COOH），具有明显的酸性，且酸性比碳酸强，可与碳酸氢钠反应，放出二氧化碳，可鉴别羧酸。

一般羧酸无还原性，但甲酸和草酸结构特殊，它们能在酸性介质中与高锰酸钾作用，被氧化成二氧化碳和水，反应液由紫色褪为无色，由此可与其他羧酸区别。

一元羧酸一般不易脱羧，二元羧酸加热比较容易脱羧，如草酸加热可脱去二氧化碳。

羧酸中的羟基可被其他原子和基团取代后生成羧酸衍生物，羧酸衍生物主要有酰卤、酸酐、酯和酰胺等，它们都可以发生水解、醇解、氨解等反应，其中，酰卤反应最快，酸酐其次，酰胺最慢。

乙酰乙酸乙酯在水溶液中存在烯醇式和酮式结构的互变异构现象，两种结构平衡共存，因此它既具有烯醇化合物的性质（例如与三氯化铁溶液显色，使溴水褪色等），又具有羰基化合物的性质（如与羰基试剂反应）。

3.5.3 实验步骤

（1）羧酸的性质

① 酸性　将甲酸、乙酸各 5 滴及草酸 0.2g 分别溶于 2mL 水中，然后用洗净的玻璃棒分别蘸取相应的酸液在同一条刚果红●试纸上画线，比较各线条的颜色和深浅程度。

② 成盐反应　取 0.2g 苯甲酸晶体放入盛有 1mL 水的试管中，加入 10% 的 NaOH 溶液数滴，振荡并观察现象。接着再加数滴 10% 盐酸，振荡并观察所发生的变化，解释原因。

③ 脱羧反应　在 3 支试管中分别加入 1mL 甲酸、1mL 冰醋酸和 1g 草酸，装上带导气管的软木塞，导气管的末端伸入盛有 1～2mL 石灰水的试管中（导气管要插入石灰水中）。加热试样，当有连续气泡发生时观察现象，并解释原因。

④ 氧化反应　在 3 支试管中分别放置 0.5mL 甲酸、乙酸以及由 0.2g 草酸和 1mL 水所配成的溶液，然后分别加入 1mL 稀硫酸（1∶5）和 2～3mL 0.5% 的高锰酸钾溶液，加热至沸，观察现象，并解释原因。

⑤ 酯化反应　在干燥的试管中加入 1mL 无水乙醇和 1mL 冰醋酸，再加入 0.2mL 浓

● 刚果红试纸变色范围 pH 为 3.0～5.0，pH 试纸也可以。

H_2SO_4，振荡摇匀后浸在 60～70℃ 的热水浴中约 10min，然后将试管浸入冷水中冷却，加入 3mL 饱和氯化钠溶液❶，观察溶液分层情况，并闻其味，解释原因。

（2）酰氯和酸酐的性质

① 水解反应　在试管中加入 2mL 蒸馏水，再加入数滴乙酰氯❷，振荡，观察现象。反应结束后在溶液中滴加数滴 2％ 的硝酸银溶液，观察有何现象？请说明原因。

② 醇解反应　在一干燥的小试管中放入 1mL 无水乙醇，慢慢滴加 1mL 乙酰氯，同时用冷水冷却试管并不断振荡。反应结束后先加入 1mL 水，然后小心地用 20％ 的碳酸钠溶液中和反应液使之呈中性，即有一酯层浮于液面上。如果没有酯层浮起，可在溶液中加入粉状的氯化钠溶液饱和为止，观察现象并闻气味。

③ 氨解反应　在一干燥的小试管中放入新蒸馏过的淡黄色苯胺 5 滴，然后慢慢滴加乙酰氯 8 滴，待反应结束后再加入 5mL 水，并用玻璃棒搅匀，观察现象。

用醋酸酐代替乙酰氯重复做上述三个实验，注意反应较乙酰氯难进行，需要在水浴加热的情况下，较长时间才能完成上述反应。

（3）酰胺的水解反应

① 碱性水解　取 0.1g 乙酰胺和 1mL 20％ 的氢氧化钠溶液一起放入一小试管中，混合均匀并用小火加热至沸。用湿润的红色石蕊试纸在试管口检验所产生的气体的性质，并说明原因。

② 酸性水解　取 0.1g 乙酰胺和 2mL 10％ 的硫酸一起放入一小试管中，混合均匀，沸水浴加热沸腾 2min，注意有醋酸味产生。放冷并加入 20％ 的氢氧化钠溶液至反应液呈碱性，再加热。用湿润的红色石蕊试纸在试管口检验所产生的气体的性质，说明原因。

（4）乙酰乙酸乙酯的性质

① 酮型反应　取 1 支试管，加入 2 滴 2,4-二硝基苯肼试剂和 1 滴乙酰乙酸乙酯，观察有无浑浊现象。如没有，可滴加蒸馏水并观察现象。

② 烯醇型反应　取一支试管，加入 2 滴乙酰乙酸乙酯，再慢慢滴加饱和溴水 2～3 滴，观察现象。

③ 酮型与烯醇型互变异构　在 1 支试管里加入 10 滴蒸馏水和 1 滴乙酰乙酸乙酯，振荡，使之溶解。再加入 1 滴 1％ 的 $FeCl_3$ 溶液，摇匀，观察颜色变化。最后迅速滴加 2 滴饱和溴水，摇匀后再观察颜色的变化❸。

3.5.4　思考题

① 羧酸成酯反应为什么必须控制在 60～70℃？温度偏高或偏低会有什么影响？

② 比较酯、酰氯、酸酐和酰胺的反应活性，并说明原因。

③ 为什么乙酰氯、酸酐进行醇解反应时，要加饱和食盐溶液才能使反应混合物分层？

④ 乙酰乙酸乙酯具有什么结构特点？怎样用实验说明它在常温下存在互变异构平衡？

---

❶　降低酯的溶解度，促进液体分层。

❷　若乙酰氯纯度不够，则往往含有 $CH_3COOPCl_2$ 等磷化物。久置将产生浑浊或析出白色沉淀，从而影响到本实验的结果。因此，必须使用无色透明的乙酰氯进行有关的性质实验。

❸　滴加溴水的速度要快，否则褪色现象不明显。另外溴水用量不可太多或太少，太多颜色重现，时间延长，太少则难以褪去与三氯化钛形成的颜色。

3.6 胺的性质

3.6.1 实验目的

① 了解脂肪胺和芳香胺的化学性质及其差异；
② 掌握胺类化合物的鉴别方法。

3.6.2 实验原理

胺是一类具有碱性的化合物，可以和大多数酸形成盐。在碱性条件下，伯胺、仲胺能与苯磺酰氯（或对甲苯磺酰氯）发生兴斯堡（Hinsberg）反应，根据实验现象不同可用于伯胺、仲胺、叔胺三类胺的鉴别。

伯胺、仲胺、叔胺还可以与亚硝酸反应，但反应产物不同，而且脂肪族胺和芳香胺也具有不同的实验现象，故可以利用此反应鉴别三类胺，但不如兴斯堡反应现象明显。芳香伯胺在低温下能发生重氮化反应，生成重氮盐。

芳香胺分子中由于氨基的存在，导致芳环的亲电取代反应易于进行，苯胺在室温下就能与溴水反应，生成 2,4,6-三溴苯胺白色沉淀。

3.6.3 实验步骤

3.6.3.1 碱性与成盐反应

取一支试管，加入 3 滴蒸馏水和 1 滴苯胺，观察溶解情况。向溶液中滴加浓盐酸 1～2 滴，摇动，再观察溶解情况。最后用水稀释，观察溶液澄清与否。

另取一支试管，加入二苯胺晶体少许（半个绿豆粒大小），再加入 3～5 滴乙醇使其溶解，向试管中滴加 3～5 滴蒸馏水，溶液呈乳白色。滴加浓盐酸使溶液刚好变为透明后，再向试管中滴加水，观察溶液是否变浑浊❶。

3.6.3.2 与亚硝酸的反应

（1）伯胺的反应

① 脂肪族伯胺　取一支试管，加入 0.5mL 脂肪族伯胺，滴加盐酸使呈酸性，然后滴加 5％的亚硝酸钠溶液，观察有无气泡放出，液体是否澄清。

② 芳香族伯胺　取一支试管，加入 0.5mL 苯胺，再加入 2mL 浓 HCl 和 3mL 水，摇匀后把试管放在冰水浴中冷却至 0℃。再取 0.5g $NaNO_3$ 溶于 2.5mL 水中，用冰浴冷却后，慢慢加入含有苯胺盐酸盐的试管中，边加边搅拌，直至溶液对碘化钾-淀粉试纸呈蓝色为止❷，此为重氮盐溶液。

取 1mL 重氮盐溶液加热，观察有何现象。注意是否有苯酚的气味。与脂肪族伯胺和亚硝酸的反应现象有何不同？

取 1mL 重氮盐溶液，加入数滴 β-萘酚溶液（0.4g β-萘酚溶于 4mL 5％的 NaOH 溶液

---

❶ 苯胺在水中溶解度小，和盐酸反应成盐后溶解度增大。二苯胺不溶于水，它的盐酸盐只在过量酸存在时才溶于水。盐用水稀释，则水解又生成二苯胺。

❷ 过量的亚硝酸把碘化钾氧化成碘，碘遇淀粉试纸呈蓝色。

中），观察有无橙红色沉淀产生❶。

　　（2）仲胺的反应　将 1mL N-甲基苯胺及 1mL 二乙胺分别盛于试管中，各加 1mL 浓盐酸及 2.5mL 水。把试管浸在冰水中冷却至 0℃。再取两支试管，分别加入 0.75g 亚硝酸钠和 2.5mL 水溶解。把两支试管中的亚硝酸钠溶液分别慢慢加入上述盛有仲胺盐酸盐的溶液中，振荡，观察有无黄色物生成。

　　（3）叔胺的反应　取 N,N-二甲基苯胺及三乙胺重复（2）的实验，结果如何？

　　利用以上实验可以区别胺的类型❷。

3.6.3.3　兴斯堡（Hinsberg）试验

　　在 3 支试管中，分别放入 0.1mL 液体胺或 0.1g 固体胺、5mL 10％的 NaOH 溶液及 3 滴苯磺酰氯，塞住试管口，剧烈振摇 3～5min，除去塞子，振摇并在水浴中温热 1min，冷却溶液，用试纸检验溶液是否呈碱性。若不呈碱性，应加氢氧化钠使之呈碱性。观察有无固体或油状物析出，确认胺的类型。

　　试样：苯胺、N-甲基苯胺、N,N-二甲基苯胺。也可以用对甲基苯磺酰氯代替苯磺酰氯。

3.6.3.4　苯胺的溴代反应

　　在 1 支试管中加入 5 滴水和 1 滴苯胺，摇匀后加入 1 滴饱和溴水❸，观察有无白色沉淀生成。

3.6.4　思考题

　　① 比较苯胺和二苯胺的碱性强弱，并用实验事实加以说明。

　　② 用化学方法鉴别苯胺、环己胺、苯酚、N-甲基苯甲胺。

　　③ 用碘化钾-淀粉试纸检验重氮化反应终点的根据是什么？

　　④ 鉴别伯胺、仲胺、叔胺有几种方法？哪种比较好？脂肪族伯胺和芳香族伯胺，脂肪族叔胺和芳香族叔胺又是如何鉴别的？

---

❶　重氮盐在碱性条件下可与 β-萘酚溶液发生偶合反应生成橙红色染料。

❷　利用胺类化合物和亚硝酸的反应可区别胺的类型。

　a. 放出氮气，得到澄清液体者为脂肪族伯胺；

　b. 溶液中有黄色油状物或固体析出，加碱后不变色者为仲胺，加碱至碱性时变为绿色固体者为芳香叔胺；

　c. 加热放出氮气，得到澄清液体，加入数滴 β-萘酚溶液于 5％的氢氧化钠溶液中，若出现橙红色沉淀者为芳香伯胺，无颜色者为脂肪族叔胺；

❸　饱和溴水的配制方法：将 3g 溴化钾溶于 33mL 的水中，再加入 2g 溴摇匀即可。

第4章 基础有机合成实验

4.1 环己烯的合成

【背景知识】

环己烯（CAS：110-83-8）是一种有特殊刺激性气味、无色、易燃的液体，不溶于水，溶于乙醇、醚等。分子式 C_6H_{10}，相对分子质量 82.16，沸点 82.98℃，密度 810.0kg/m³，折射率 n_D^{20} 1.4465。环己烯是一种常用的有机合成原料，可用来合成环己酮、苯酚、氯代环己烷、聚环烯树脂等；还可用作溶剂、石油萃取剂和高辛烷值汽油稳定剂。目前工业制备环己烯主要有以下三种方法：①环己醇脱水法。以固体酸作催化剂，如 $SO_4^{2-}/TiO_2\text{-}SiO_2$、反应温度 170℃、反应时间 1h 条件下，环己烯收率约 90%。②苯部分加氢法。在钌系及 Ni/海泡石催化剂作用下，苯可选择加氢得到环己烯。该反应温度是 40℃、压力 4～5MPa，苯转化率 40%，环己烯选择性达 85.3%。③环己烷氧化脱氢。以三氯化铈/浮石催化剂，空气作氧化剂，反应温度 440～450℃条件下进行氧化脱氢，环己烷转化率 13.5%，环己烯收率可达 91%。

实验室常采用磷酸作催化剂，环己醇脱水制备环己烯。

4.1.1 实验目的

① 学习醇在酸催化下分子内脱水制备烯烃的原理和方法；
② 掌握分馏、液态有机物洗涤、干燥、蒸馏等基本操作。

4.1.2 实验原理

主反应为可逆反应。为了提高环己烯收率，本实验采用的措施是：随着反应的进行，将反应生成的环己烯、水蒸出（二者以恒沸物形式蒸出。沸点 70.8℃，含水 10%）。由于原料环己醇也能与水形成二元恒沸物（沸点 97.8℃，含水 80%），为了减少环己醇蒸出，本实验采用分馏装置，并控制柱顶温度始终不超过 90℃。

本实验采用 85% 的磷酸为催化剂，而不用浓硫酸，是因为磷酸氧化能力较硫酸弱得多，减少了氧化副反应的发生。

4.1.3 仪器、试剂及相关物理常数

（1）**仪器** 电热套、圆底烧瓶、分液漏斗、分馏柱、蒸馏头、直形冷凝管、接尾管、温度计、锥形瓶等。

（2）**试剂** 环己醇、85％磷酸、饱和食盐水、无水氯化钙、沸石等。

（3）**相关物理常数** 环己醇是无色、油状、吸湿性液体，微溶于水，溶于乙醇、乙酸乙酯、乙醚、芳烃、丙酮和氯仿等大多数有机溶剂，具有毒性，相对分子质量100.16，沸点161.1℃，折射率 n_D^{20} 1.4648，密度949.3kg/m³。

4.1.4 实验步骤

在 100mL 圆底烧瓶中，加入21mL（0.2mol）环己醇和5mL 85％磷酸❶，充分振荡均匀，使之充分混溶❷，加几粒沸石，用电热套为热源（见图4-1），安装分馏装置。用50mL 锥形瓶为接收器，并把它置于冰水浴中。

用小火慢慢加热混合物至沸腾，控制分馏柱顶部温度不超过73℃❸，慢慢蒸出生成的环己烯和水，直至无馏出液体流出；提高反应温度，继续蒸馏，当温度达到90℃时，烧瓶中只剩少量的残渣，并出现阵阵白雾，即可停止加热。

将蒸馏液倒入分液漏斗中，用等体积的饱和食盐水洗涤（液体的洗涤见2.5"萃取"部分），分去水层❹。将上层粗产物转移至干燥的小锥形瓶中，用适量无水氯化钙干燥，振荡至液体澄清透明。

将干燥后的粗产物小心地倒入50mL 磨口圆底烧瓶中（切勿将干燥剂倒入），加2粒沸石，进行蒸馏❺，收集82～85℃馏分❻。

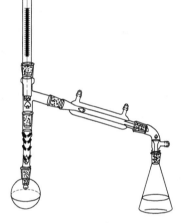

图 4-1 环己烯合成反应装置图

---

❶ 环己醇在常温下是黏稠状液体，因而若用量筒量取时应注意转移中的损失。所以，取样时，最好先取环己醇，后取磷酸。为减少误差，取样也可采用称量环己醇质量的方法。

❷ 磷酸和环己醇必须充分混合，振荡均匀，避免在加热时可能产生局部炭化现象。另外加热时温度不易过高，蒸馏速度不易过快，以2～3s 1滴为宜，以减少未作用的环己醇蒸出。

❸ 本实验中涉及的二元恒沸混合物如下。

项目	沸点/℃		恒沸物组成/%
	组分	恒沸物	
环己醇	161.5	97.8	约20.0
水	100.0		约80.0
环己烯	83.0	70.8	90
水	100.0		10

❹ 水层应尽可能分离完全，以减少无水氯化钙的用量。干燥剂的一般用量为每10mL 液体大约加0.5～1.0g。一般干燥时间应在半小时以上，最好干燥过夜。但由于时间关系，实际实验过程中，可能干燥时间不够，这样在最后蒸馏时，可能会有较多的前馏分（环己烯和水的共沸物）蒸出。

❺ 在蒸馏已干燥的产物时，蒸馏所用仪器都应充分干燥。接收产品的三角瓶应事先称重。

❻ 如果80℃以下时已蒸出较多前馏分，应将前馏分收集起来，重新干燥后再蒸馏。这可能是无水氯化钙用量过少或干燥时间太短，粗产物中的水分未除尽。

产品检验：①溴的四氯化碳溶液实验；②0.5％高锰酸钾溶液实验。

4.1.5　思考题

① 制备环己烯过程中，为什么要控制分馏柱顶部的温度？
② 干燥粗环己烯时，选用无水氯化钙为干燥剂，除吸收少量水外还有什么作用？
③ 粗制的环己烯中，用饱和食盐水洗涤的目的是什么？

4.2　乙酸正丁酯的合成

【背景知识】

酯是指羧酸（或无机含氧酸）与醇反应生成的一类有机化合物。低级的酯是具有香气的挥发性液体，高级的酯是蜡状固体或很稠的液体。酯广泛存在于自然界，例如乙酸乙酯存在于酒、食醋和某些水果中；乙酸异戊酯存在于香蕉、梨等水果中；苯甲酸甲酯存在于丁香油中；水杨酸甲酯存在于冬青油中。

乙酸正丁酯（CAS：123-86-4）是一种具有水果香味的无色易燃液体，高浓度时有麻醉性。难溶于水，可与醇、酮、醚等混溶，爆炸极限 1.2％～7.5％（体积分数）。分子式 $C_6H_{12}O_2$，相对分子质量 116.16，沸点 126℃，密度 882kg/m³，折射率 n_D^{20} 1.3947。

乙酸正丁酯是优良的有机溶剂，对乙基纤维素、氯化橡胶、聚苯乙烯、甲基丙烯酸树脂等具有良好的溶解性能。广泛用于硝化纤维清漆中，在人造革、织物及塑料加工过程中用作溶剂，在各种石油加工和制药过程中用作萃取剂，也用于香料复配及杏、香蕉、梨、菠萝等各种香味剂的成分。

乙酸正丁酯的制备可用丁醇与乙酸（或乙酸酐）在硫酸催化下酯化合成。

4.2.1　实验目的

① 学习羧酸与醇发生酯化反应的原理和方法；
② 掌握加热回流、萃取、干燥、蒸馏等基本操作。

4.2.2　实验原理

乙酸正丁酯的合成原理如下：

$$CH_3COOH + HOCH_2CH_2CH_2CH_3 \underset{\triangle}{\overset{H^+}{\rightleftharpoons}} CH_3COOCH_2CH_2CH_2CH_3 + H_2O$$

该反应是一个典型的酸催化的可逆反应，反应达平衡时，一般只有 2/3 的原料转变为酯，为了使反应平衡向右移动，可以用过量的醇或酸，也可以把反应中生成的酯或水及时地蒸出，或是两者并用❶。

为了提高酯的收率，本实验采取二者并用法。即一方面使乙酸略过量，另一方面将反应生成的水及时从体系中分出。

---

❶ 酯化反应催化剂除浓硫酸外，还可选用一水硫酸氢钠、三氯化铁、对甲基苯磺酸、阳离子交换树脂等。

在反应进行过程中，生成的乙酸正丁酯、水会与原料正丁醇形成二元、三元恒沸物❶。蒸出的恒沸混合液在分水器中进行分离，水沉于分水器底部，酯和未反应的正丁醇则在水层上面，适当控制水层液面，使酯和未反应的正丁醇流回体系继续反应，这样反复进行可以把反应中生成的水几乎全部除掉，得到较高收率的酯。

4.2.3　仪器、试剂及相关物理常数

（1）**仪器**　电热套、圆底烧瓶、球形冷凝管、分水器、分液漏斗、蒸馏头、温度计、直形冷凝管、接尾管、锥形瓶等。

（2）**试剂**　正丁醇、冰醋酸、浓硫酸、10%碳酸钠溶液、无水硫酸镁、pH 试纸、沸石等。

（3）**相关物理常数**　乙酸是无色透明液体，具有刺激性气味，溶于水、醇和醚等，相对分子质量 60，沸点 117.9℃，折射率 n_D^{20} 1.3718，密度 1049.1kg/m³。正丁醇是无色、有酒气味的液体，相对分子质量 74.12，沸点 117.7℃，折射率 n_D^{20} 1.3992，密度 809.8kg/m³。

4.2.4　实验步骤

在干燥的 100mL 圆底烧瓶中，加入 11.0mL（0.12mol）正丁醇和 7.2mL（0.125mol）冰醋酸，再滴入 2 滴浓硫酸，混合均匀，加入 2 粒沸石，在分水器中预先加入一定量的水，使水面略低于分水器的支管处，同时记录加入水的体积，然后按图 4-2 所示安装装置。

控制加热速度，使反应液呈现回流。当分水器中水层液面高出分水器支管时（水开始流回反应器），缓慢旋转分水器下部活塞，将分水器中水放出适量于小量筒中❷。当分水器中水不再增加时，表示反应接近结束。

停止反应后，稍冷，将分水器中的水分出，记录分出水的总体积❸。圆底烧瓶中的反应液与分水器中的有机物一并倒入分液漏斗中，用一定体积的 10%碳酸钠溶液中和、洗涤，直至有机层为中性（用 pH 试纸检查是否是中性），分去无机层，有机层再用 10mL 蒸馏水洗涤 1～2 次，分去水层，将有机层倒入洁净干燥的小锥形瓶中，加入适量无水硫酸镁干燥。

将干燥后的有机层倒入磨口圆底烧瓶中，加入 1～2 粒沸石进行蒸馏，收集 124℃前（前馏分）和 124～127℃（产品）馏分，并记录所收集组分

图 4-2　乙酸正丁酯
合成反应装置图

---

❶　正丁醇、乙酸正丁酯和水形成以下几种恒沸混合物。

恒沸混合物		沸点/℃	组成的质量分数/%		
			乙酸正丁酯	正丁醇	水
二元	乙酸正丁酯-水	90.7	72.9		27.1
	正丁醇-水	93.0		55.5	44.5
	乙酸正丁酯-正丁醇	117.6	32.8	67.2	
三元	乙酸正丁酯-正丁醇-水	90.7	63.0	8.0	29.0

❷　该步操作要点保证分水器中的酯、正丁醇能顺利流回反应器，而水则不能。

❸　反应结束时分出水的总体积减去反应前加入分水器中水的体积，所得数据在一定程度上可体现酯化反应进行情况。

体积。前馏分和产品均倒入指定回收瓶中。

4.2.5 思考题

① 本实验是根据什么原理来提高乙酸正丁酯的产率的？

② 计算反应完全时，应分出多少水？

③ 如果在最后蒸馏时，前馏分较多，其原因可能是什么？对产率有什么影响？应如何改进？

4.3 "退热冰"乙酰苯胺的合成

【背景知识】

乙酰苯胺（CAS：103-84-4）是一种白色有光泽片状结晶或白色结晶粉末，有退热止痛作用，是较早使用的解热镇痛药，故有"退热冰"之称。其分子式 C_8H_9NO，相对分子质量 135.17，熔点 114～116℃。乙酰苯胺微溶于冷水，易溶于乙醇、乙醚及热水。本品具有刺激性，能抑制中枢神经系统和心血管，因而应避免皮肤接触或由呼吸和消化系统进入体内。

乙酰苯胺是合成磺胺类药物的原料。在第二次世界大战的时候大量用于制造对乙酰氨基苯磺酰氯。乙酰苯胺在工业上可作橡胶硫化促进剂、纤维脂涂料的稳定剂、过氧化氢的稳定剂，以及用于合成樟脑等。还可用作制青霉素 G 的培养基。

乙酰苯胺除了本身有重要的用途外，乙酰化反应常作为保护氨基的方法，在有机合成中广泛使用。由于芳环上的氨基易氧化，在有机合成中为了保护氨基，往往先将其乙酰化转化为乙酰苯胺，然后再进行其他反应，最后水解除去乙酰基。

乙酰苯胺的常用合成方法有：①苯胺和过量的冰醋酸一起回流；②适量苯胺、冰醋酸、乙酸酐、锌粉一起回流；③苯胺和冰醋酸为原料，用射频辐射法或微波辐射法。

4.3.1 实验目的

① 理解乙酰苯胺合成原理；

② 掌握乙酰苯胺合成方法；

③ 掌握重结晶方法提纯固体有机物。

4.3.2 实验原理

乙酰苯胺可用苯胺与冰醋酸（或苯胺与乙酰氯或苯胺与乙酸酐）作用制得。其中苯胺与乙酰氯的反应比较激烈，乙酸酐次之，冰醋酸最慢。但苯胺与冰醋酸作原料成本最低，操作方便。本实验选用苯胺与冰醋酸合成乙酰苯胺，反应式如下：

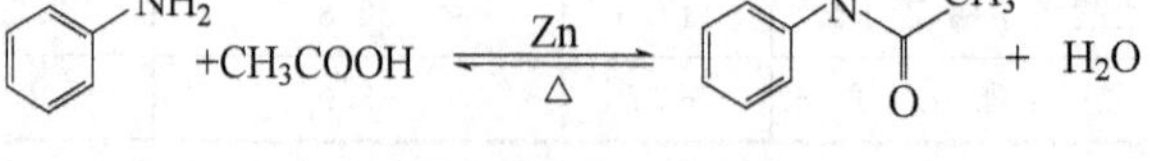

上述反应也是可逆反应，为了提高反应收率，粗产品合成所用装置选分馏装置，将水从体系中分出，促使反应向正方向进行。

4.3.3 仪器、试剂及相关物理常数

（1）**仪器** 电热套、圆底烧瓶、刺形分馏柱、直形冷凝管、接尾管、锥形瓶、温度计、烧杯、玻璃棒、表面皿、布氏漏斗、吸滤瓶、水泵、恒温水浴箱、天平、烘箱、熔点测定仪等。

（2）**试剂** 苯胺、冰醋酸、锌粉、活性炭、滤纸等。

（3）**相关物理常数** 苯胺是一种无色油状液体，微溶于水，易溶于乙醇、乙醚和苯，具有毒性，相对分子质量93.1，沸点184.4℃，密度1022.0kg/m^3，折射率 n_D^{20} 1.5863。乙酸是无色透明液体，具有刺激性气味，溶于水、醇和醚等，相对分子质量60，沸点117.9℃，折射率 n_D^{20} 1.3718，密度1049.1kg/m^3。

4.3.4 实验步骤

（1）**粗产品合成** 在100mL圆底烧瓶中加入5mL（0.055mol）新蒸馏过的苯胺❶、7.4mL（0.13mol）冰醋酸和0.1g锌粉❷，安装分馏装置（见图4-3）。

用小火加热至反应液沸腾，控制加热温度，保持温度计读数在105℃左右。使反应生成的水尽可能完全蒸出，当温度计读数出现上下波动或反应器内出现白雾时，表示反应趋于完成，停止加热。

趁热，在不断搅拌下，将反应液以细流慢慢倒入盛有80～100mL冷水的烧杯中，搅拌，冷却，使粗乙酰苯胺成细粒状完全析出。

（2）**粗产品的重结晶** 将析出的固体进行减压抽滤（操作方法见2.6"重结晶"），所得固体用5～10mL冷水淋洗2次。然后将粗乙酰苯胺放入盛有一定体积热水（约100mL）烧杯中，加热至沸腾，如仍有未溶解的油珠需补加适量热水❸，直至油珠完全溶解为止❹。若有颜色可将液体稍冷后加入约0.5～1g粉末状活性炭❺，用玻璃棒搅拌并煮沸几分钟，趁热用保温漏斗或用预先热好的布氏漏斗减压过滤❻。

滤液静置，冷却，析出无色片状的乙酰苯胺晶体，再减压过滤，将产品放在表面皿上，烘干，称重。

（3）**产品检验** 用显微熔点测定仪测定产品熔点。

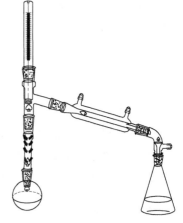

图4-3 乙酰苯胺合成反应装置图

---

❶ 放置时间较长的苯胺颜色变深，影响生成乙酰苯胺的质量，故需使用新蒸馏的苯胺。

❷ 加锌粉的目的是防止苯胺在反应过程中氧化，但不能加得过多，否则在后处理中会出现不溶于水的氢氧化锌。

❸ 乙酰苯胺在不同温度在100mL水中的溶解度为：25℃，0.563g；80℃，3.5g；100℃，5.2g。在以后各步加热煮沸时，会蒸发掉一部分水，需随时补加热水。

❹ 油珠是熔融状态的含水的乙酰苯胺（83℃时含水13%）。

❺ 在沸腾的溶液中加入活性炭，容易引起暴沸。

❻ 使用保温漏斗进行热过滤，要事先准备好折叠滤纸和预热好的保温漏斗，如果使用布氏漏斗减压过滤，则应事先将布氏漏斗用铁夹夹住，倒悬在沸水浴上，利用水蒸气进行充分预热，吸滤瓶应放在水浴中预热。如果预热不好，乙酰苯胺晶体将在布氏漏斗内析出，引起操作上的麻烦和造成损失。

4.3.5 思考题

① 反应中为什么要保持温度计读数在 105℃ 左右，温度过高有什么不好？

② 理论上反应完成时应生成多少水？你收集了几毫升？如何解释？

③ 本实验采取哪些措施来提高乙酰苯胺的产量？

4.4 食品抗氧化剂 TBHQ 的合成

【背景知识】

TBHQ 化学学名是 2-叔丁基-1,4-二羟基苯、邻叔丁基对苯二酚、2-叔丁基对苯二酚（CAS：1948-33-0），是无色片状晶体，有一种极淡的特殊香味。分子式 $C_{10}H_{14}O_2$，相对分子质量 166.22g/mol，熔点 125～127℃，不溶于冷水，溶于热水和有机溶剂。

它是国家规定允许少量添加的食用抗氧化剂之一。中国《食品添加剂使用卫生标准》（GB 2760—2011）（04.007）规定：TBHQ 可用于食用油脂、油炸食品、干鱼制品、饼干、方便面、速煮米、干果罐头、腌制肉制品中作抗氧化剂，亦可用于化妆品中。最大使用量为 0.2g/kg。一般建议使用量为油脂总量的 0.01%～0.02%。

TBHQ 的制备一般以对苯二酚为原料，在酸性催化剂作用下与异丁烯、叔丁醇或甲基叔丁基醚进行烷基化反应，反应混合物经进一步处理得到纯的 TBHQ。反应常用的催化剂有液体催化剂及固体催化剂。液体催化剂有浓硫酸、磷酸、苯磺酸等，反应一般在水与有机溶剂组成的混合溶剂中进行；固体催化剂有强酸型离子交换树脂（如 Amberlyst-15、拜耳 K-1481）、沸石和活性白土，反应需在环烷烃、芳香烃、脂肪酮等溶剂中进行。

4.4.1 实验目的

① 理解邻叔丁基对苯二酚合成原理；

② 掌握邻叔丁基对苯二酚合成方法；

③ 掌握电动搅拌、回流、重结晶等基本操作。

4.4.2 实验原理

本实验以对苯二酚、叔丁醇为原料，磷酸作催化剂，在二甲苯溶剂中进行反应制得 TBHQ，其反应过程可表述为：

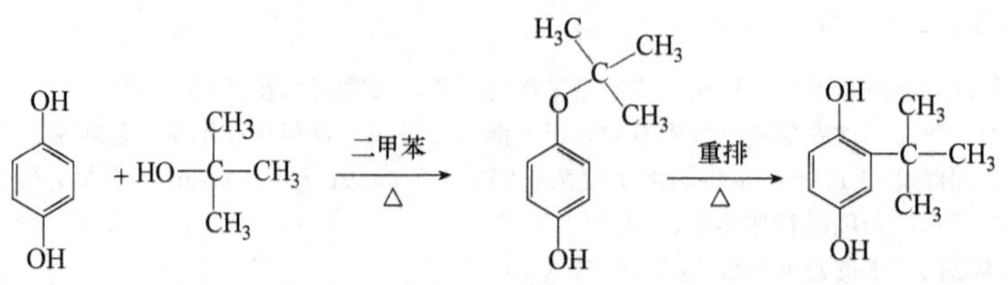

反应是分步进行的。第一步是生成中间产物——醚类，第二步是中间产物进行重排，生成目标产物——邻叔丁基对苯二酚。

反应过程中除了生成邻叔丁基对苯二酚外，还会发生下面的副反应：

由于位阻的关系，主要副产物是 2,5-二叔丁基对苯二酚，2、6 位与 2、3 位形成的二叔丁基对苯二酚很少。为了控制副反应的发生，合成过程中，采取向反应体系滴加叔丁醇，使对苯二酚保持相对过量，从而减少副反应发生。

4.4.3　仪器、试剂及相关物理常数

（1）**仪器**　150mL 三口烧瓶、克氏蒸馏头、温度计（200℃）、球形冷凝管、滴液漏斗、烧杯、锥形瓶、布氏漏斗、吸滤瓶、表面皿、电动搅拌器、熔点测定仪等。

（2）**试剂**　叔丁醇、对苯二酚、二甲苯、85％磷酸。

（3）**相关物理常数**　叔丁醇是无色的结晶，有少量水存在时为无色挥发性液体，有类似樟脑的气味，有吸湿性，易燃，和其他醇相比有较高的毒性和麻醉性，相对分子质量 74.12，沸点 82.8℃，熔点 25.7℃，折射率 n_D^{20} 1.3878，密度 788.7kg/m³。对苯二酚是白色针状晶体，有毒，易溶于热水、乙醇及乙醚，微溶于苯，相对分子质量 178.14，熔点 172～175℃。

4.4.4　实验步骤

（1）**粗产品合成**　依次向 150mL 三口烧瓶中加入 5.5g（0.05mol）对苯二酚、5.0 mL 85％磷酸、20.0mL 二甲苯，按图 4-4 安装装置。启动搅拌，缓慢加热到 100～110℃，逐滴滴加 7.5mL（0.08mol）叔丁醇和 5mL 二甲苯混合液❶。滴加过程中，保持温度在 100～110℃，滴加完毕，升温至 135～140℃，恒温回流 1.5h。降温至 120℃左右，待无回流液时，停止搅拌，将反应液趁热迅速倒入盛有 50mL 热水的烧杯中，用少量热水清洗三口烧瓶中的残余反应液，并将其并入烧杯中。将烧杯冷却 30min 左右，使之结晶完全，抽滤，得白色粗品。

图 4-4　TBHQ 合成反应装置图

（2）**回收二甲苯**　滤液进行分馏，回收二甲苯和磷酸。

（3）**粗产品提纯**　所得粗产品用 25mL 二甲苯进行重结晶，活性炭脱色。重结晶后的产品在红外灯下干燥，称量，计算产率。

4.4.5　思考题

① 烷基化反应常用的催化剂有哪些？

② 本实验以二甲苯作溶剂有何好处？

---

❶　本实验以二甲苯作溶剂，可达到两个目的。一是控制叔丁醇局部浓度不至于过高，减少副产物二叔丁基对苯二酚的生成；二是考虑到二叔丁基对苯二酚溶于冷的二甲苯，加入二甲苯可去除产品中的二叔丁基对苯二酚，对产品起到初步净化作用。

4.5 抗爆剂甲基叔丁基醚的合成

【背景知识】

甲基叔丁基醚（CAS：1634-04-4），英文缩写为 MTBE，是一种无色透明、黏度低的挥发性液体，具有特殊气味。分子式 $C_5H_{12}O$，相对分子质量 88.15，沸点 55.2℃，折射率 n_D^{20}1.3689，密度 740.6kg/m³。微溶于水，易溶于有机溶剂。

该品主要用于汽油添加剂，具有优良抗爆性能，与汽油混溶性好，对环境无污染。众所周知，铅尘是大气中对人体危害较大的一种污染物，由于其性能稳定，不易降解，一旦进入人体就会积累滞留，破坏机体组织，对儿童的毒害尤为严重，铅尘污染物主要来源于汽车排放的尾气。所谓汽油无铅化，就是用甲基叔丁基醚代替四乙基铅作为增强汽车抗震性能的汽油添加剂。

MTBE 也是一种重要化工原料，如通过裂解可制备高纯异丁烯，还用于生产 2-甲基丙烯醛、甲基丙烯酸及异戊二烯等。另外还可用作分析溶剂、萃取剂。

MTBE 工业制备方法：以石油裂解 C_4 和炼厂催化裂化 C_4 为原料，在催化剂存在下，经异丁烯和甲醇醚化而得。

$$CH_3-C(CH_3)=CH_2 + CH_3OH \xrightarrow{\text{酸性催化剂}} CH_3-C(CH_3)_2-OCH_3$$

4.5.1 实验目的

① 理解醇脱水制备混合醚原理；
② 掌握醇脱水制备混合醚操作方法；
③ 掌握低沸点有机化合物的洗涤、蒸馏及分馏等基本操作。

4.5.2 实验原理

实验室制备甲基叔丁基醚可采用叔丁醇钠与氯甲烷作用（威廉逊制醚法），也可用甲醇与叔丁醇酸性条件下脱水。叔丁醇在酸催化下容易形成较稳定的正碳离子，继而与甲醇作用生成混合醚。

主反应：

$$(CH_3)_3COH + CH_3OH \xrightarrow[\triangle]{H_2SO_4} (CH_3)_3COCH_3 + H_2O$$

副反应：

$$(CH_3)_3COH \xrightarrow[\triangle]{H_2SO_4} (CH_3)_3COC(CH_3)_3 + H_2O$$

$$CH_3OH \xrightarrow[\triangle]{H_2SO_4} CH_3OCH_3 + H_2O$$

4.5.3 仪器、试剂及相关物理常数

（1）仪器 电热套、圆底烧瓶、分馏柱、直形冷凝管、温度计、接尾管、锥形瓶、分液

漏斗等。

（2）**试剂**　15％硫酸、甲醇、叔丁醇、10％ Na_2SO_3、无水碳酸钠等。

（3）**相关物理常数**　甲醇是无色有酒精气味易挥发的液体，有毒，成人误饮 5～10mL 能双目失明，大量饮用会导致死亡；相对分子质量 32.04，沸点 64.7℃，折射率 n_D^{20} 1.3292，密度 791.5kg/m³。叔丁醇无色结晶，易过冷，在少量水存在时则为液体，有类似樟脑的气味，有吸湿性，和其他醇相比有较高的毒性和麻醉性，吸入对身体有害，对眼睛、皮肤、黏膜和呼吸道有刺激作用；相对分子质量 74，沸点 82.42℃，折射率 n_D^{20} 1.3878，密度 775.7kg/m³；贮存于阴凉、通风的库房，应与氧化剂、酸类等分开存放，切忌混贮。

4.5.4　实验步骤

将 23mL 15％硫酸、5.2mL 甲醇（0.13mol）和 6mL 叔丁醇（0.06mol）加入到圆底烧瓶中，振摇使之混合均匀，加 2 粒沸石，如图 4-5 安装反应装置（接尾管支管连接橡皮管并导入水槽，接收瓶置于冰浴中）。小火加热❶。收集 45～56℃时的馏分。

将馏出液转入分液漏斗❷，依次用水、10％ Na_2SO_3 水溶液和水洗涤，以除去醚层中的醇和可能有的过氧化物。当醇被洗净时，醚层显得清澈透明。最后用无水碳酸钠干燥，蒸馏，收集 54～56℃的馏分。称量并计算产率。

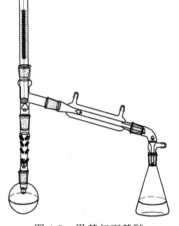

图 4-5　甲基叔丁基醚
合成反应装置图

4.5.5　思考题

① 为什么要以稀硫酸作催化剂？如果采用浓硫酸会使反应产生什么结果？

② 反应过程中，为何要严格控制馏出温度？馏出速度过快或馏出温度过高，会对反应带来什么影响？

4.6　己二酸的合成

【背景知识】

己二酸（CAS：124-04-9）也叫肥酸，为白色结晶固体。分子式 $C_6H_{10}O_4$，相对分子质量 146.14，熔点 153℃，沸点 332.7℃，易溶于醇、醚、丙酮等。己二酸在水中的溶解度随温度变化较大，当溶液温度由 28℃升至 78℃时，其溶解度可增大 20 倍。

己二酸是脂肪族二元酸中最有应用价值的二元酸，是重要的化工原料，除了主要用于合成尼龙-66 纤维和尼龙-66 树脂，还广泛应用于制备聚氨酯、合成树脂、食品添加剂、高效润滑剂、塑料增塑剂、工程塑料以及黏合剂等领域。

---

❶ 本实验采取增加甲醇投料量及蒸出产物来提高反应收率。分馏过程中控制好温度很重要，宜小火慢慢加热，使馏出速度适中。如果馏出速度太快，就会产生液泛现象，即回流液来不及流回至烧瓶，并逐渐在分馏柱中形成液柱。若出现这种现象，应停止加热，待液柱消失后重新加热。同时还要注意：甲基叔丁基醚不能用明火加热。

❷ 用分液漏斗洗涤甲基叔丁基醚时要注意放气，以免易挥发的醚蒸气造成内压过大，冲开塞子。

1937 年，美国杜邦公司用硝酸氧化环己醇首先实现了己二酸的工业化生产。进入 20 世纪 60 年代，工业上逐步改用环己烷氧化法，即先由环己烷制中间产物环己酮和环己醇混合物（即酮醇油，又称 KA 油），然后再进行 KA 油的硝酸或空气氧化。该工艺由于使用的硝酸有强氧化性，严重腐蚀设备，而且会产生大量破坏臭氧层和导致温室效应的氮氧化气体，给环境造成很大的破坏。随着环境保护法的完善和绿色化学的兴起，开发清洁合成己二酸的工艺的需求日益迫切。

4.6.1 实验目的

① 理解环己醇氧化制备己二酸原理；
② 掌握环己醇氧化制备己二酸操作方法；
③ 掌握电动搅拌、恒压滴液漏斗等使用。

4.6.2 实验原理

制备羧酸最常用的方法是烯、醇、醛等的氧化。常用的氧化剂有硝酸、重铬酸钾（钠）、高锰酸钾、过氧化氢及过氧乙酸等。本实验采用环己醇在高锰酸钾的碱性条件氧化，然后再酸化得到己二酸。相关反应如下：

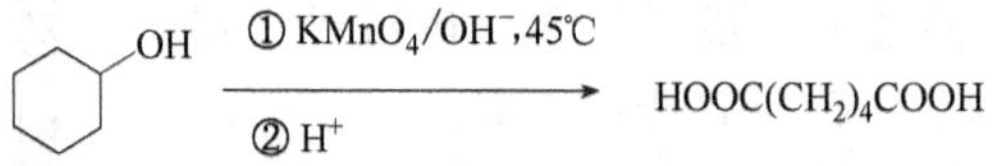

$$\text{环己醇} \xrightarrow[\text{② } H^+]{\text{① } KMnO_4/OH^-,45℃} HOOC(CH_2)_4COOH$$

4.6.3 仪器、试剂及相关物理常数

（1）仪器 电动搅拌器、圆底烧瓶、球形冷凝管、克氏蒸馏头、恒压滴液漏斗、抽滤瓶、布氏漏斗、水泵等。

（2）试剂 环己醇、高锰酸钾、碳酸钠、亚硫酸氢钠、浓盐酸、活性炭等。

（3）相关物理常数 环己醇为无色透明有刺激性油状液体，相对分子质量 100.16，沸点 160.84℃，密度 962.4kg/m³，折射率 n_D^{20} 1.4641。

4.6.4 实验步骤

依次向 250mL 三口烧瓶中加入 4.3g Na_2CO_3 和 25mL 水混合液、14g（0.09mol）研细的高锰酸钾[1]，恒压漏斗中加 3mL 的环己醇。如图 4-6 安装反应装置，缓慢启动搅拌器，平稳后开始加热，控温 35℃，慢慢滴加环己醇[2]，滴加完毕后，控温 45℃左右，直到高锰酸钾溶液颜色褪去。再在 50℃水浴中不断搅拌 30 分钟，使氧化反应完全[3]，可观察到有大量二氧化锰的沉淀凝结。

趁热抽滤混合物，用少量热水[4]洗涤滤渣 3 次。将洗涤液与滤液合并置于烧杯中，加少

---

[1] $KMnO_4$ 要研细，以利于 $KMnO_4$ 充分反应。

[2] 环己醇要逐滴加入。滴加速度不可太快。否则，因反应强烈放热，使温度急剧升高而难以控制。

[3] 反应终点的判断如下。
  a. 体系温度明显下降；
  b. 用玻璃棒蘸一滴混合物点在平铺的滤纸上，若无紫色存在表明已没有 $KMnO_4$。

[4] 不同温度下，己二酸在水中溶解度：15℃时溶解度为 1.44g/100mL；25℃时溶解度为 2.3g/100mL；100℃时溶解度为 160g/100mL。

量活性炭脱色，趁热抽滤。

将滤液转移至干净烧杯中，并在石棉网上加热浓缩至 8mL 左右❶，放置，冷却，冷却后再用浓盐酸酸化至 pH 值为 2～4 止。结晶，抽滤，干燥。

图 4-6　己二酸合成反应装置图

4.6.5　思考题

① 制备己二酸时，为什么必须严格控制滴加环己醇的速度和反应的温度？

② 为什么本实验在加入环己醇之前应预先加热反应液？

③ 本实验得到的溶液为什么要用盐酸酸化？除用盐酸酸化外，是否还可用其他酸酸化？为什么？

4.7　从茶叶中提取咖啡因

【背景知识】

咖啡因（含结晶水）是无色针状结晶，味苦，能溶于水、乙醇、氯仿等。在 100℃ 时即失去结晶水，并开始升华，120℃ 时升华相当显著，至 170℃ 时升华很快，无水咖啡因的熔点为 234.5℃。咖啡因具有刺激心脏、兴奋大脑神经和利尿等作用，因此，可用作中枢神经兴奋剂。

茶原为中国南方的嘉木，茶树叶子制成茶叶，泡水后使用，有强心、利尿的功效。茶叶作为一种著名的保健饮品，它是古代中国南方人民对中国饮食文化的贡献，也是中国人民对世界饮食文化的贡献。茶与可可、咖啡并称当今世界的三大无酒精饮料，为世界三大饮料之首。随着科学的发展，到了 19 世纪初，茶叶的成分才逐渐明确起来。经过现代科学的分离和鉴定，茶叶中含有机化学成分达 450 多种，无机矿物元素达 40 多种。茶叶中的有机化学成分和无机矿物元素含有许多营养成分和药效成分。有机化学成分主要有：茶多酚类、植物碱、蛋白质、氨基酸、维生素、果胶素、有机酸、脂多糖、糖类、酶类、色素等。其中，咖啡因带有苦味，是构成茶汤滋味的重要成分。咖啡因是从茶叶、咖啡果中等提炼出来的一种生物碱，适度地使用有祛除疲劳、兴奋神经的作用，临床上用于治疗神经衰弱和昏迷复苏。但是，大剂量或长期使用也会对人体造成损害，特别是它有成瘾性，一旦停用会出现精神委顿、浑身困乏疲软等各种戒断症状，虽然其成瘾性较弱，戒断症状也不十分严重，但由于药物的耐受性而导致用药量不断增加时，咖啡因就不仅作用于大脑皮层，还能直接兴奋延髓，引起阵发性惊厥和骨骼震颤，损害肝、胃、肾等重要内脏器官，诱发呼吸道炎症、妇女乳腺瘤等疾病，甚至导致吸食者下一代智能低下，肢体畸形。因此中华人民共和国把咖啡因列为"精神药品"管制，根据《中华人民共和国刑法》第 347 条，非法走私、贩卖、运输、制造咖啡因，无论数量多少，属刑事罪行。

工业上，咖啡因主要通过人工合成制得。

---

❶　不同温度下，己二酸在水中溶解度：15℃ 时溶解度为 1.44g/100mL；25℃ 时溶解度为 2.3g/100mL；100℃ 时溶解度为 160g/100mL。

4.7.1 实验目的

① 理解从茶叶中提取咖啡因的原理；
② 掌握从茶叶中提取咖啡因操作方法；
③ 掌握索氏提取器的使用及升华等操作。

4.7.2 实验原理

茶叶中含有多种生物碱，其中以咖啡碱（即咖啡因）为主，约占1%～5%，咖啡碱是弱碱性化合物，易溶于氯仿（12.5%）、水（2%）及乙醇（2%）等溶剂中。

咖啡碱是杂环化合物嘌呤的衍生物，它的化学名称是1,3,7-三甲基-2,6-二氧嘌呤，其结构式如下：

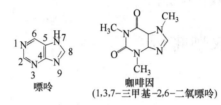

嘌呤　　　　　咖啡因
（1,3,7-三甲基-2,6-二氧嘌呤）

本实验是用乙醇为溶剂在脂肪提取器（索氏提取器）中提取茶叶中的咖啡因，然后蒸去溶剂得粗咖啡因。粗咖啡因还含有一些其他的生物碱或杂质，利用升华可进一步提纯。

4.7.3 仪器、试剂及相关物理常数

（1）仪器　电热套、恒温沙浴箱、恒温水浴锅、圆底烧瓶、索氏提取器、球形冷凝管、直形冷凝管、蒸馏头、温度计、锥形瓶、蒸发皿、玻璃漏斗、量筒等。

（2）试剂　茶叶7g、95%乙醇、60mL 生石灰、滤纸等。

（3）相关物理常数　乙醇俗称酒精，是一种易燃、易挥发的无色透明液体，它的水溶液具有特殊的、令人愉快的香味，并略带刺激性，相对分子质量46.07，沸点78.4℃，折射率n_D^{20}1.3614，密度789.5kg/m³。

4.7.4 实验步骤

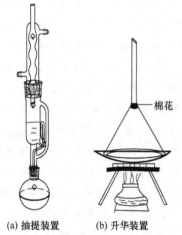

(a) 抽提装置　　(b) 升华装置
图 4-7　提取咖啡因反应装置图

称取茶叶7g，放入脂肪提取器滤纸套筒中❶，圆底烧瓶内加入60mL 95%乙醇，在脂肪提取器上连接球形冷凝管，按图4-7（a）安装反应装置。

加热回流，连续抽提，当茶叶颜色变得很淡时，可停止加热（待冷凝液刚刚虹吸下去时），将装置改成蒸馏装置，回收抽提液中的大部分乙醇。

观察圆底烧瓶中所剩残液约10mL时，停止回收，倾残液于蒸发皿中，拌入3～4g生石灰❷，放恒温水浴锅上蒸干残留乙醇。蒸发皿中生石灰变

---

❶ 滤纸套大小既要紧贴器壁，又要方便取放，其高度不得超过虹吸管，滤纸包茶叶末时要严谨，防止漏出堵塞虹吸管，纸套上面折成凹形，以保证回流液均匀浸润被萃取物。
❷ 生石灰起吸水和中和作用，以除去部分杂质。

得松散、干燥后，擦去蒸发皿沾在边上的粉末，取一只合适的玻璃漏斗罩在隔以刺有许多小孔的滤纸的蒸发皿上，用沙浴小心加热升华❶，如图 4-7（b）所示。

当滤纸上出现白色毛状结晶时，暂停加热，冷至 100℃ 左右，揭开漏斗和滤纸，仔细地把附在滤纸上及器皿周围的咖啡因用小刀刮下，残渣经拌和后用较大的火再加热片刻，使升华完全，将两次收集的咖啡因合并，用分析天平称重。

4.7.5 思考题

① 索氏提取器的工作原理是什么？
② 索氏提取器的优点是什么？

4.8 从果皮中提取果胶

【背景知识】

果胶是由半乳糖组成的一种天然复合多糖大分子化合物，相对分子质量介于 5 万～30 万之间，通常为白色至淡黄色粉末。它是一种亲水性植物胶，广泛存在于植物的根、茎、叶、果的细胞壁中，不同的蔬菜、水果口感有区别，主要是由它们含有的果胶含量以及果胶分子的差异决定的。

果胶又分为果胶液、果胶粉和低甲氧基果胶三种，其中以果胶粉的应用最为普遍。

果胶具有良好的胶凝化和乳化稳定作用，广泛用于食品、医药、日化及纺织各行业。在食品工业，主要用作食品的增稠剂、凝胶剂、稳定剂、悬浮剂、乳化剂等；在医药工业中被用作肠机能调节剂、止血剂、抗毒剂，具有降低血糖、血脂，减少胆固醇，疏通血管，对糖尿病、高血压、便秘、解除铅中毒都存有明显作用；在化妆品行业，对保护皮肤，防止紫外线辐射，治疗创口，美容养颜都存在一定的作用。

柑橘、柠檬、柚子等果皮中约含 30% 果胶，是果胶的最丰富来源。

4.8.1 实验目的

① 学习从果皮中提取果胶的基本原理和方法；
② 掌握萃取、蒸馏、升华等基本操作。

4.8.2 实验原理

在植物体中，果胶一般以不溶于水的原果胶形式存在。在果实成熟过程中，原果胶在果胶酶的作用下逐渐分解为可溶性果胶，最后分解成不溶于水的果胶酸。

本实验采用酸提法提取果胶。在一定条件下，使果胶变成可溶性果胶，然后在果胶液中加入乙醇或多价金属盐类，使果胶沉淀析出，经漂洗、干燥、精制而形成产品。该法具有快速、简便、易于控制、提取率较高等特点。

由于柑橘皮中钙、镁等离子含量较高，这些离子对果胶有封闭作用，影响果胶转化为水

---

❶ 在萃取回流充分的情况下，升华操作的好坏是本实验成败的关键，在升华过程中，始终都须用小火间接加热，温度太高会使滤纸炭化变黑，并把一些有色物烘出来，使产品不纯。第二次升华时，火不能太大。否则会使被烘物大量冒烟，导致产物损失。

溶性果胶。故可加入一定量的六偏磷酸钠来解决。

4.8.3 仪器、试剂及相关物理常数

（1）**仪器** 水浴锅、干燥箱、布氏漏斗、烧杯、纱布、表面皿、电子天平、小剪刀、真空泵等。

（2）**试剂** 柑橘皮、0.2mol/L 盐酸、6mol/L 氨水、六偏磷酸钠、95％乙醇（分析纯）等。

（3）**相关物理常数** 乙醇是无色透明液体（纯酒精），有特殊香味的气味，易挥发，能与水、氯仿、乙醚、甲醇、丙酮和其他多数有机溶剂混溶，相对分子质量 46.07，沸点 78.4℃，密度 789kg/m³。

4.8.4 实验步骤

（1）**柑橘皮的预处理** 称取新鲜柑橘皮 20g（干品 8g），用清水洗净，放入 250mL 烧杯中，在 120mL 温水中❶（60～70℃）浸泡约 20min，除掉可溶性糖、有机酸、苦味和色素等。取出柑橘皮，沥干，浸入沸水 5min 进行灭酶，防止果胶分解。然后用小剪刀将柑橘皮剪成 2～3mm 的颗粒，再将剪碎后的柑橘皮置于热水中漂洗至漂洗液近无色为止，最后甩干❷。

（2）**酸提取** 将处理好的柑橘皮放入烧杯中，加入 0.2mol/L 盐酸浸没橘皮，搅拌均匀，加入适量六偏磷酸钠❸，保证果胶的质量和提取率。

用 0.2mol/L 盐酸调溶液 pH 值在 2.0～2.5❹。在沸水浴加热 40min（水浴期间不要搅拌），趁热用垫有尼龙布的布氏漏斗抽滤，收集滤液。

（3）**脱色** 向滤液中加入质量分数 0.5％～1％的活性炭，加热至 80℃，脱色 20min，趁热抽滤（若滤液清澈，则可不脱色）。

（4）**成品** 滤液冷却后，用 6mol/L 氨水调 pH 至 3～4，不断搅拌下，缓慢加入 95％乙醇，所加乙醇的量为原滤液体积的 1.5 倍。乙醇加入过程中即可看到絮状果胶物质析出，静置 20min 后，用尼龙布过滤得湿果胶。

（5）**干燥** 将湿果胶移至 100mL 烧杯中，加入 30mL 无水乙醇洗涤，过滤，所得果胶放入表面皿上，60～70℃烘干，称重，计算产率。

4.8.5 思考题

① 除了本实验探索的因素外，还有哪些因素也可能影响果胶的提取？

② 脱色时除了使用活性炭，还可以使用哪些吸附剂？

③ 沉淀果胶时，除使用乙醇外，还可以用其他试剂吗？

4.9 甲基橙的合成

【背景知识】

甲基橙（CAS：547-58-0）分子式 $C_{14}H_{14}N_2SO_3Na$，相对分子质量 327.33，橙红色鳞

---

❶ 用温水浸泡柑橘皮，其水温不宜过高。

❷ 每次漂洗后都要把柑橘皮用纱布包好挤干，在换水进行下一次漂洗。

❸ 六偏磷酸钠加入量按浸提液质量的 0.3％计。

❹ 要控制好 pH 值，pH 值不能太低，否则会影响产率。

状晶体或粉末，微溶于水，较易溶于热水，不溶于乙醇。0.1%的水溶液是常用的酸碱指示剂，pH 值变色范围 3.1（红）～4.4（黄）。

甲基橙属偶氮类化合物（偶氮基—N＝N—与两个烃基相连接而生成的化合物，通式 R—N＝N—R'），此类化合物有色，常做染料，叫做偶氮染料。

偶氮染料是品种最多、应用最广的一类合成染料，可用于纤维、纸张、墨水、皮革、塑料、彩色照相材料和食品着色。在特殊条件下，它能分解产生 20 多种致癌芳香胺，经过活化作用改变人体的 DNA 结构引起病变和诱发癌症。为保护人类健康，提供消费者安全，荷兰、奥地利和德国已经先后采取了强制性规则以限制在消费品中使用含偶氮的着色剂。偶氮染料一般通过重氮基与酚类或芳胺发生偶联反应来制备。

4.9.1　实验目的

① 学习甲基橙的制备方法；
② 掌握重氮化反应和偶合反应操作要点；
③ 进一步练习过滤、洗涤、重结晶等基本操作。

4.9.2　实验原理

对氨基苯磺酸与氢氧化钠作用生成易溶于水的盐，再与 $NaNO_2$ 重氮化，然后再与 N,N-二甲基苯胺偶联得到粗产品甲基橙。粗产品经过精制得到甲基橙精产品。

化学反应式：

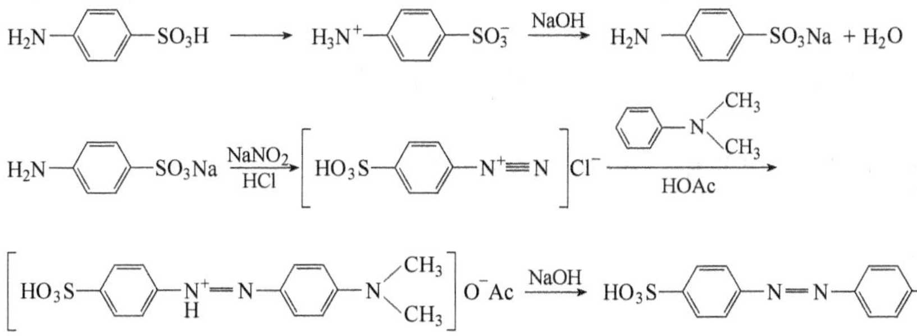

4.9.3　仪器、试剂及相关物理常数

（1）**仪器**　烧杯、玻璃棒、电磁炉、水浴装置、吸滤瓶、布氏漏斗、循环水真空泵、量筒等。

（2）**试剂**　对氨基苯磺酸、$NaNO_2$、浓盐酸、冰乙酸、N,N-二甲基苯胺、10% NaOH 溶液。

（3）**相关物理常数**　对氨基苯磺酸是白色至灰白色粉末，在空气中吸收水分后变为白色结晶体，带有一个分子的结晶水，温度达 100℃时失去结晶水，在 300℃时开始分解炭化，在冷水中微溶，溶于沸水，微溶于乙醇、乙醚和苯，有明显的酸性，能溶于氢氧化钠溶液和碳酸钠溶液，相对分子质量 173.20，熔点 280℃。N,N-二甲基苯胺是无色至淡黄色油状液体，有刺激性臭味，相对分子质量 121.19，沸点 193℃，折射率 n_D^{20} 1.5584，密度 955.5kg/m³。冰醋酸是无色透明液体，具有刺激性气味，溶于水、醇和醚等，相对分子质量 60，沸点 117.9℃，折射率 n_D^{20} 1.3718，密度 1049.1kg/m³。

4.9.4　实验步骤

（1）对氨基苯磺酸重氮盐的制备　在 100mL 烧杯中放入 10mL 5％氢氧化钠溶液及 2.0g 对氨基苯磺酸晶体❶，温热使其溶解。冷却至室温，加 0.8g NaNO₂，在搅拌下，将其溶解。同时将 13mL 冰冷水和 2.5mL 浓盐酸混合，分批滴入到上述溶液中。用玻璃棒蘸取液体点在淀粉碘化钾试纸上❷，使温度保持在 5℃以下，待反应结束后，冰浴放置 15min。

（2）偶合　在一支试管中加入 1.3mL N,N-二甲基苯胺和 1mL 冰醋酸，振荡混合。在搅拌下，将此液慢慢加入到上述冷却重氮盐中❸，搅拌 10min。现象：此时颜色红得发黑了。冷却搅拌，慢慢加入 15mL NaOH 至为橙色。现象：颜色趋于橙红。将反应物加热至沸腾，溶解后，稍冷，置于冰冷水浴中冷却，使甲基橙全部重新结晶析出后，抽滤收集结晶。现象：在滤纸上得到橙色的黏稠晶体。用饱和 NaCl 冲洗烧杯两次，每次 10mL，并用此冲洗液洗涤产品。

（3）精制　将滤纸连同上面的晶体移到装有 75mL 热水中微热搅拌，全溶后，冷却至室温，冰浴冷却至甲基橙结晶全部析出，抽滤。用少量乙醇洗涤产品。现象：得到橙色的结晶物。产品晾在空气中几分钟，称重，计算产率。

（4）检验　溶解少许产品，加几滴稀 HCl，然后用稀 NaOH 中和，观察颜色变化。现象：滴入稀 HCl 后颜色由橙色变成红色，滴稀 NaOH 后颜色又变回至橙色。

4.9.5　思考题

① 本实验中重氮盐的制备为什么要控制在 0～5℃中进行？偶合反应为什么要在弱酸介质中进行？

② 分析甲基橙在酸碱中介质中变色的原因，并用反应式表示之。

4.10　聚乙烯醇缩甲醛胶水的合成

【背景知识】

早在 1931 年，人们就已经研制出聚乙烯醇（PVA）的纤维，但由于 PVA 的水溶性而无法实际应用。利用"缩醛化"减少其水溶性，就使得 PVA 有了较大的实际应用价值，用甲醛进行缩醛化反应得到聚乙烯醇缩甲醛（PVF）。PVF 随缩醛化程度不同，性质和用途有所不同。控制缩醛在 35％左右，就得到了人们称为"维纶"的纤维（Vinylon）。维纶的强度是棉花的 1.5～2.0 倍，吸湿性 5％，接近天然纤维，又称为"合成棉花"。在 PVF 分子中，如果控制其缩醛度在较低水平，由于 PVF 分子中含有羟基、乙酸基和醛基，因此有较强的粘接性能，可作胶水使用。

聚乙烯醇缩甲醛胶水，又称"107 胶"，是以聚乙烯醇与甲醛在酸性介质中进行缩合反应而制得的一种透明水溶液。其无臭、无味、无毒，有良好的黏接性能。最初只是代替浆糊及动植物胶、文具胶等来使用，20 世纪 70 年代开始用于民用建设，此后又应用于

---

❶　对氨基苯磺酸是两性化合物，酸性比碱性强，以酸性钠盐存在，所以它能与碱作用成盐而不能与酸作用成盐。

❷　若试纸不显蓝色，尚需补充亚硝酸钠溶液。

❸　在此时往往析出对氨基苯磺酸的重氮盐。这是因为重氮盐在水中可以电离，形成中性内盐，在低温时难溶于水而形成细小晶体析出。

壁纸、玻璃、瓷砖等的粘贴，目前作为胶黏剂也广泛应用于内外墙涂料、水泥地面涂料的基料等。

4.10.1 实验目的

① 理解聚乙烯醇缩甲醛胶水合成原理；
② 了解缩醛化反应的主要影响因素；
③ 掌握测定胶水中甲醛含量方法。

4.10.2 实验原理

聚乙烯醇与甲醛在 H^+ 的催化作用下发生缩合反应，其反应式如下：

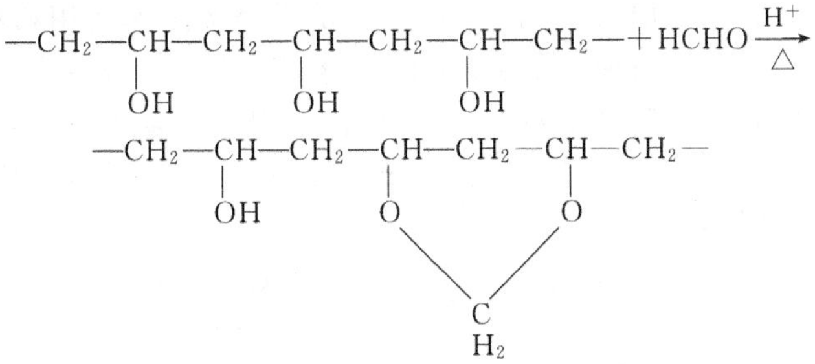

$$—CH_2—CH—CH_2—CH—CH_2—CH—CH_2—+HCHO \xrightarrow[\triangle]{H^+}$$

(结构式图：OH OH OH ... —CH₂—CH—CH₂—CH—CH₂—CH—CH₂—，OH O O，C H₂)

反应过程中需控制较低的缩醛度，使产物保持水溶性。如若反应过于猛烈，则会造成局部高缩醛度，导致不溶性物质存在于胶水中，影响胶水质量。因此在反应过程中，要特别注意严格控制催化剂用量、反应温度、反应时间及反应物比例等因素。

4.10.3 仪器、试剂及相关物理常数

（1）仪器 集热式恒温磁力加热器、球形冷凝管、三口烧瓶、恒压滴液漏斗、移液管、碘量瓶等。

（2）试剂 3g 聚乙烯醇（PVA）、2mL 甲醛水溶液（40％工业甲醛）、盐酸、NaOH 水溶液（8％）、去离子水。

（3）相关物理常数 聚乙烯醇是白色片状、絮状或粉末状固体，无味，溶于水，不溶于汽油、煤油、植物油、苯、甲苯、二氯乙烷、四氯化碳、丙酮、醋酸乙酯、甲醇、乙二醇等。甲醛是一种无色、有强烈刺激性气味的气体，易溶于水、醇和醚。甲醛在常温下是气态，通常以水溶液形式出现。甲醛有毒，吸入甲醛蒸气会引起恶心、鼻炎、支气管炎和结膜炎等❶。

4.10.4 实验步骤

（1）胶水合成过程 在 250mL 三口烧瓶中加入 30mL 去离子水，用盐酸调 pH 值为 2～3，加 3gPVA，如图 4-8 安装装置，搅拌。待 PVA 全部溶解后，缓慢滴加 2mL 40％甲醛水溶液，在不断搅拌的前提下，控制在 80℃左右继续反应 20～30min，当体系中出现气泡或有絮状物产生，停止反应。

---

❶ 甲醛是无色、具有强烈气味的刺激性气体，其 35％～40％的水溶液通称福尔马林。甲醛是原浆毒物，能与蛋白质结合，吸入高浓度甲醛后，会出现呼吸道的严重刺激和水肿，皮肤直接接触甲醛，可引起皮炎、色斑、坏死。实验中注意勿吸入甲醛蒸气或与皮肤接触。

反应液稍冷，用 10％ NaOH 溶液将体系 pH 值调节为 8～9❶。冷却、出料，得无色透明黏稠液体即为胶水。

将所得产品的一半放入另一圆底烧瓶中，加少量 H_2O_2，充分搅拌，以除去体系中少量甲醛。

图 4-8　反应装置图

（2）胶水中甲醛含量测定　对胶水质量的检验，主要是测定其黏度和缩醛度，但由于测定缩醛度的操作麻烦且费时，因而常借测定胶水中的游离甲醛量来了解缩醛反应完成的情况以及在该反应条件下缩醛度的大小。通常游离甲醛量少，表明缩醛度高，反之表明缩醛度低。具体测定方法如下。

称取 1g（精确到 0.0001g）胶水，置于 250mL 碘量瓶中，加入 10mL 蒸馏水至试样全部溶解后用移液管准确加入 20mL 新配的 1％ $NaHSO_3$ 溶液，加塞，于暗处静置 2h，再加 50mL 蒸馏水和 1％ 淀粉溶液，用碘标准溶液滴至溶液呈蓝色。

另取一份 20mL 1％ $NaHSO_3$ 溶液，同时做空白实验。

游离甲醛按下式计算：

$$甲醛百分含量\% = \frac{(V_0 - V_1)C \times 0.03003}{W \times 100}$$

式中，V_1 为滴定样品消耗碘标准溶液的体积，mL；V_0 为空白实验消耗碘标准溶液的体积，mL；W 为胶水的质量，g；0.03003 为与 1.00mL 1.00mol/L 碘标准溶液相当的以克表示的甲醛质量。

4.10.5　思考题

① 滴加甲醛时，应注意哪些问题？
② 查阅文献，试提出其他方法来测定胶水中甲醛含量。

---

❶　由于缩醛化反应的程度较低，胶水中尚有未反应的甲醛，产物往往有甲醛的刺激性气味。反应结束后胶水的 pH 值调至弱碱性，有可防止分子链间氢键含量过大，体系黏度过高；缩醛基团在碱性条件下较稳定。

第5章 综合性实验

5.1 降压药硝苯地平的合成

【背景知识】

硝苯地平为第一代钙拮抗剂，是20世纪80年代中期世界畅销的药物之一。经多年临床使用，该药的疗效得到了肯定，在价格上也占据了强有力的优势。但其药效时间短，血压波动大，尚有负性肌力和负性传导作用，因此可导致冠心病患者死亡率的增加。硝苯地平扩张冠状动脉和周围动脉作用很强，抑制血管痉挛效果显著，是变异型心绞痛的首选药物，临床适用于预防和治疗冠心病心绞痛，特别是变异型心绞痛和冠状动脉痉挛所致心绞痛。适用于各种类型的高血压，对顽固性、重度高血压也有较好疗效。由于能降低后负荷，对顽固性充血性心力衰竭亦有良好疗效，宜于长期服用。另外，其也适用于患有呼吸道阻塞性疾病的心绞痛病人，疗效优于β受体阻滞剂。

5.1.1 实验目的

① 了解硝化反应的种类、特点及操作条件；
② 理解硝化剂的种类和不同应用范围；
③ 掌握环合反应的种类、特点及操作条件。

5.1.2 实验原理

硝苯地平可由苯甲醛经混酸硝化，再进行环合两步反应制得。
合成路线如下：

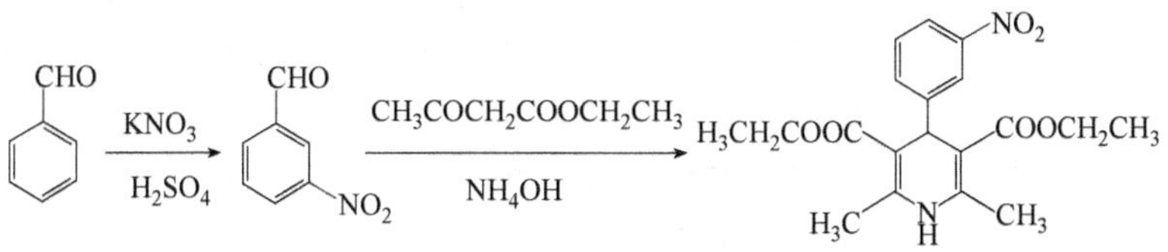

5.1.3 仪器、试剂及相关物理常数

（1）**仪器** 三口瓶、温度计、滴液漏斗、圆底烧瓶等。
（2）**试剂** 硝酸钾、浓硫酸、苯甲醛、乙酰乙酸乙酯、甲醇氨饱和溶液、乙醇等。
（3）**相关物理常数** 硝酸钾为无色透明棱柱状或白色颗粒或结晶性粉末，相对分子质量101.10，密度2.109kg/cm³，熔点334℃。苯甲醛为在室温下其为无色液体，具有特殊的杏仁气味，相对分子质量106.12，密度1.046kg/cm³，熔点－26℃，沸点178.8℃。乙酰乙酸乙酯为无色或微黄色透明液体，相对分子质量130.14，密度1.03kg/cm³（20℃），熔点－45℃，沸点180.4℃。间硝基苯甲醛为淡黄色结晶或类白色结晶性粉末，相对分子质量151.12，密度1.28kg/cm³，熔点58℃，沸点164℃（3.07kPa）。

5.1.4 实验步骤

（1）硝化 在装有搅拌子、温度计和滴液漏斗的 250mL 三口瓶中（反应装置见图 5-1），将 11g（0.11mol）硝酸钾溶于 40mL 浓硫酸中。用冰盐浴冷至 0℃ 以下，在强烈搅拌下，缓慢滴加 10g（0.094mol）苯甲醛（在 60～90min 滴完），滴加过程中控制反应温度在 0～2℃。滴加完毕，控制反应温度在 0～5℃ 继续反应 90min。将反应物慢慢倾入约 200mL 冰水中，边倒边搅拌，析出黄色固体，抽滤。滤渣移至研钵中，研细，加入 5％碳酸钠溶液 20mL（由 1g 碳酸钠加 20mL 水配成）研磨 5min，抽滤，用冰水洗涤 7～8 次，压干，得间硝基苯甲醛，自然干燥，测熔点（mp. 56～58℃），称重，计算收率。

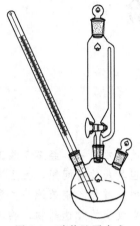

图 5-1 硝苯地平合成
反应装置图

（2）环合 在装有球形冷凝器的 100mL 圆底烧瓶中，依次加入间硝基苯甲醛 5g（0.033mol）、乙酰乙酸乙酯 9mL、甲醇氨饱和溶液❶ 30mL 及沸石一粒，油浴加热回流 5h❷，然后改为蒸馏装置，蒸出甲醇至有结晶析出为止，抽滤，结晶用 95％乙醇 20mL 洗涤，压干，得黄色结晶性粉末，干燥。

（3）精制 粗品以 95％乙醇（5mL/g）重结晶，干燥，测熔点，称重，计算收率。

5.1.5 思考题

① 硫酸在本实验中起什么作用？
② 如何检测反应的进行程度？

5.2 增塑剂邻苯二甲酸二正丁酯的合成及其酸值的测定

【背景知识】

邻苯二甲酸二丁酯是聚氯乙烯最常用的增塑剂，可使制品具有良好的柔软性，但挥发性和水抽出性较大，因而耐久性差。邻苯二甲酸二丁酯也是硝基纤维素的优良增塑剂，凝胶化能力强，用于硝基纤维素涂料，有良好的软化作用。稳定性、耐挠曲性、黏结性和防水性均优于其他增塑剂。邻苯二甲酸二丁酯可用作聚醋酸乙烯、醇酸树脂、硝基纤维素、乙基纤维素及氯丁橡胶、丁腈橡胶的增塑剂。邻苯二甲酸二丁酯也用作一种杀体外寄生虫药。

5.2.1 实验目的

① 了解邻苯二甲酸二正丁酯的制备原理和方法；
② 掌握减压蒸馏等基本操作。

5.2.2 实验原理

邻苯二甲酸二正丁酯是常用的增塑剂之一。它可由邻苯二甲酸酐与正丁醇在硫酸的催化

---

❶ 甲醇氨饱和溶液应新鲜配制。
❷ 油浴温度不宜过高，否则会有较多副产物生成。

作用下进行酯化而制取。

主反应

$$\text{邻苯二甲酸酐} + C_4H_9OH \longrightarrow \text{邻苯二甲酸单丁酯}$$

$$\text{邻苯二甲酸单丁酯} + C_4H_9OH \underset{}{\overset{H^+}{\rightleftharpoons}} \text{邻苯二甲酸二正丁酯} + H_2O$$

副反应

$$\text{邻苯二甲酸二正丁酯} \xrightarrow[>180℃]{H^+} \text{邻苯二甲酸酐} + 2CH_2=CHCH_2CH_3 + H_2O$$

5.2.3 仪器、试剂及相关物理常数

（1）**仪器**　电热套、减压蒸馏装置、三口烧瓶、分水器等。

（2）**试剂**　邻苯二甲酸酐、正丁醇、浓硫酸、5％碳酸钠溶液、饱和食盐水等。

（3）**相关物理常数**　邻苯二甲酸酐为白色针状结晶，相对分子质量 148.11，熔点 131.2℃，沸点 295℃。正丁醇为无色透明液体，相对分子质量 74.12，密度 $0.8109kg/m^3$，熔点 -88.9℃，沸点 117.5℃。

5.2.4 实验步骤

（1）**粗产品合成**　在 250mL 三口烧瓶中，依次加入 5.9g（0.04mol）邻苯二甲酸酐、12mL（0.13mol）正丁醇、2～3 滴浓硫酸及几粒沸石。摇动使之充分混合，在三口烧瓶的中间口装分水器（分水器内事先装好一定量的水或正丁醇）。分水器上端安一球形冷凝管，在一个侧口配置一支温度计，其水银球伸至液面下，另一侧口用塞子塞紧（见图 5-2）。用电热套为热源，小火加热，约 10min 后，可以观察到固体的邻苯二甲酸酐全部消失，这标志着形成邻苯二甲酸单丁酯的阶段已完成❶。

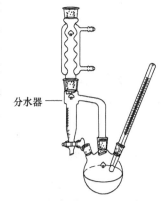

图 5-2　邻苯二甲酸二正丁酯合成反应装置图

稍升高温度，使反应混合物沸腾，待酯化反应进行到一定程度时，可观察到冷凝管滴入分水器的冷凝液中有小水珠下沉。随着酯化反应的进行，分出的水层逐渐增加，反应混合液的温度升到 160℃时❷，停止加热，反应时间约需 1h。

（2）**粗产品洗涤、精制**　当反应混合液冷却到 70℃以下

---

❶　邻苯二甲酸酐和正丁醇作用生成邻苯二甲酸二正丁酯的反应是分两步进行的，首先生成邻苯二甲酸单丁酯，这步反应进行得较迅速和完全，反应的第二步是可逆反应，这一步需要较高的温度和较长的时间，并要通过分水器将反应过程中生成的水不断从反应体系中移去。

❷　邻苯二甲酸二正丁酯在有无机酸存在下，温度高于 180℃易发生分解反应。

时，将其移入分液漏斗中，用等体积饱和食盐水洗涤两次，再用少量 5% 碳酸钠溶液中和。然后用饱和食盐水洗涤有机层到中性，分出油状粗产品倒入 100mL 圆底烧瓶中，进行减压蒸馏（减压蒸馏装置及操作见减压蒸馏部分），依次收集前馏分（主要是正丁醇）及产品邻苯二甲酸二正丁酯。邻苯二甲酸二正丁酯 200～210℃/2.67kPa（20mmHg）或 180～190℃/1.33kPa（10mmHg）的馏分❶。

（3）产品分析

① 邻苯二甲酸二正丁酯（$C_{16}H_{22}O_4$）含量的测定　称取 1.5g 样品，精确至 0.0001g，加入 25.00mL 氢氧化钠标准滴定溶液 [$c(NaOH)=1mol/L$]，加入 25mL 的 95% 乙醇，在水浴上回流 30min，冷却至室温，用少量无二氧化碳的水冲洗冷凝管壁，加 2 滴酚酞指示液（10g/L），用盐酸标准滴定溶液 [$c(HCl)=0.5mol/L$] 滴定至红色消失即为终点。同时做空白试验。

将所得数据带入下列公式：

$$\omega_1 = \frac{(V_1 - V_2)c \times 0.1392}{m} \times 100\% - 1.6755\omega_2$$

式中，ω_1 为邻苯二甲酸二丁酯的含量，%；ω_2 为酸值（以邻苯二甲酸的质量百分数表示）；V_1 为空白消耗盐酸标准滴定溶液的体积，mL；V_2 为样品消耗盐酸标准滴定溶液的体积，mL；c 为盐酸标准滴定溶液的实际浓度，mol/L；0.1392 为与 1.00mL 盐酸标准滴定溶液 [$c(HCl)=1.000mol/L$] 相当的，以克表示的邻苯二甲酸二丁酯的质量；1.6755 为酸度转化为酯含量的换算系数；m 为样品的质量，g。

② 邻苯二甲酸二正丁酯酸值的测定　先量取 20mL 无水乙醇，加入两滴酚酞指示液（10g/L），用氢氧化钠标准滴定溶液 [$c(NaOH)=0.05mol/L$] 滴定至溶液呈粉红色，保持 30s。再称取 5g 样品，精确至 0.01g，加入 20mL 中性乙醇及两滴酚酞指示液（10g/L），用氢氧化钠标准滴定溶液 [$c(NaOH)=0.05mol/L$] 滴定至溶液呈粉红色，保持 30s。将所得实验数据按下式计算：

$$\omega_2 = \frac{Vc \times 0.08307}{m} \times 100\%$$

式中，ω_2 为酸值（以邻苯二甲酸计），%；V 为样品消耗氢氧化钠标准滴定溶液的体积，mL；c 为氢氧化钠标准滴定溶液的浓度，mol/L；0.08307 为与 1.00mL 氢氧化钠标准滴定溶液 [$c(NaOH)=1.000mol/L$] 相当的，以克表示的邻苯二甲酸的质量；m 为样品的质量，g。

5.2.5　思考题

① 正丁醇在硫酸存在下加热至高温时，可能有哪些副反应？

② 如果浓硫酸用量过多，会有什么不良影响？

---

❶ 邻苯二甲酸二正丁酯可在不同压力下蒸馏，其沸点与压力的关系如下。

压力/Pa （压力/mmHg）	2666 (20)	1333 (10)	666.5 (5)	266.6 (2)
沸程/mmHg	200～210	180～190	175～180	165～170

5.3 己内酰胺的合成

【背景知识】

己内酰胺是 ε-己内酰胺的简称，分子式为 $C_6H_{11}NO$，白色鳞片状固体。1943 年，德国法本公司通过环己酮-羟胺合成（现在简称为肟法），首先实现了己内酰胺工业生产，用以制取己内酰胺树脂、己内酰胺纤维和人造革等，也用作医药原料。绝大部分用于生产聚己内酰胺，约 90% 用于生产合成纤维，即卡普隆，10% 用做塑料，少量用于生产赖氨酸。己内酰胺也可直接用于纺丝或直接经浇铸成型做 MC 尼龙。用于制帘子线时，对己内酰胺的高锰酸钾值有严格要求。随着合成纤维工业发展，对己内酰胺需要量的增加，又有不少新生产方法问世。先后出现了甲苯法（又称斯尼亚法），光亚硝化法（又称 PNC 法），己内酯法（又称 UCC 法），环己烷硝化法和环己酮硝化法。新近正在开发的环己酮氨化氧化法，由于生产过程中无需采用羟胺进行环己酮肟化，且流程简单，已引起了人们广泛的关注。

5.3.1 实验目的

① 了解由环己酮与羟胺反应合成环己酮肟；
② 理解环己酮肟在酸性条件下发生 Beckmann 重排，生成己内酰胺；
③ 掌握用减压蒸馏提纯己内酰胺粗产品。

5.3.2 实验原理

醛、酮类化合物能与羟胺反应生成肟。肟是一类具有一定熔点的结晶形化合物，易于分离和提纯。常常利用醛、酮所生成的肟来鉴别它们。

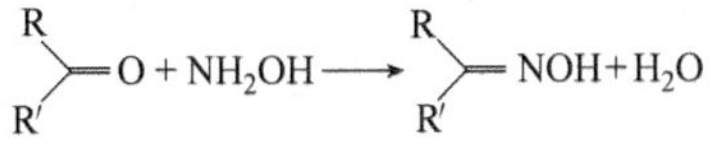

肟在酸（如硫酸、五氯化磷）作用下，发生分子内重排生成酰胺的反应称为 Beckmann 重排。其机理为：

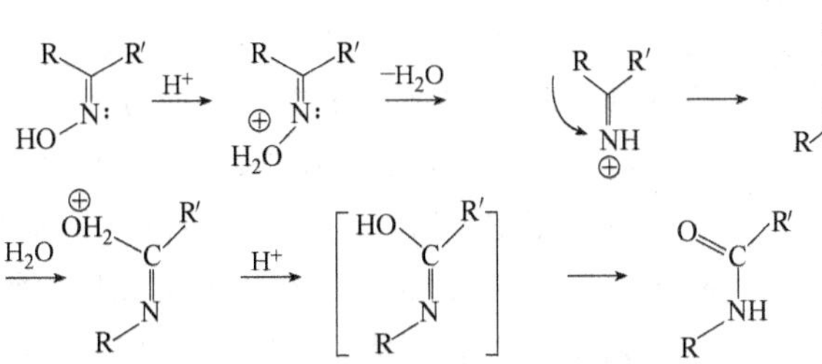

环己酮与羟胺反应生成环己酮肟，在浓硫酸作用下重排得到己内酰胺。己内酰胺是合成高分子材料聚己内酰胺（尼龙-6）的基本原料。

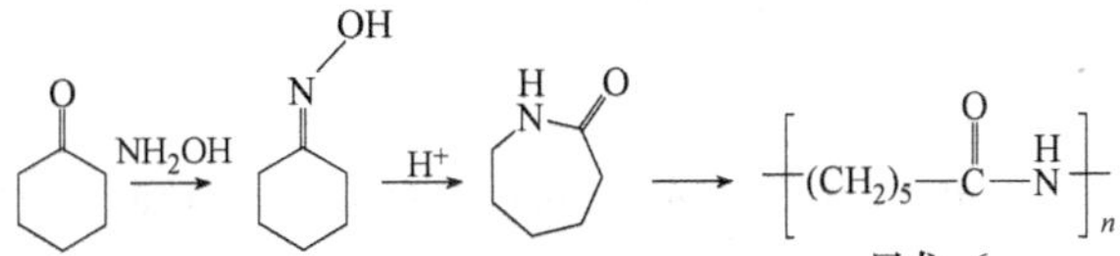

尼龙-6

5.3.3　仪器、试剂及相关物理常数

（1）仪器　锥形瓶（250mL）、烧杯（100mL，250mL）、滴液漏斗（50mL）、温度计、分液漏斗（125mL）、圆底烧瓶（100mL）、克氏蒸馏头、直形冷凝管、真空接收管、布氏漏斗（60mm）、吸滤瓶（250mL）等。

（2）试剂　环己酮、羟胺盐酸盐、无水醋酸钠、浓硫酸、浓氨水、氯仿、无水硫酸钠。

（3）相关物理常数　环己酮为无色或浅黄色透明液体，相对分子质量 98.14，密度 0.95kg/m³，熔点 −45℃，沸点 155.6℃。无水醋酸钠为无色透明结晶或白色颗粒，相对分子质量 82.03，密度 1.45kg/m³（三水合物）、1.528kg/m³（无水物），熔点 324℃。浓硫酸密度为 1.84kg/m³，98.3% 时，沸点 338℃。浓氨水为无色透明液体，密度 0.91kg/m³，含氨 28%～29%，密度 0.9g/cm³，含氨越多，密度越小，最浓的氨水含氨 35.28%，密度 0.88kg/m³。氯仿为无色透明重质液体，极易挥发，有特殊气味，熔点 −63.5℃，密度 1.50kg/m³，沸点 61.3℃。无水硫酸钠，白色均匀细颗粒或粉末，密度 2.68g/cm³，熔点 884℃。羟胺盐酸盐无色结晶，相对分子质量 69.49，密度 1.67kg/m³，溶于水、乙醇、不溶于乙醚。

5.3.4　实验步骤

（1）环己酮肟的制备　在 250mL 锥形瓶，加入 7g（0.1mol）羟胺盐酸盐和 10g（0.12mol）无水醋酸钠❶，用 30mL 水将固体溶解，小火加热此溶液至 35～40℃。分批慢慢加入 7g（0.07mol）环己酮，边加边摇动反应瓶，很快有固体析出。加完后用橡皮塞塞住瓶口，并不断激烈振荡瓶子 5～10min。环己酮肟呈白色粉状固体析出。冷却后，抽滤，粉状固体用少量水洗涤、抽干后置身培养皿中干燥，称重。

（2）环己酮肟重排制备己内酰胺　在烧杯中加入 6mL 冷水，在冷水浴冷却下小心地慢慢加入 8mL 浓硫酸，配得 70% 的硫酸溶液。在一小烧杯中加入 7g（0.06mol）干燥的环己酮肟，用 7mL 70% 的硫酸溶解后，转入滴液漏斗，烧杯用 1.5mL 70% 硫酸洗涤后并入滴液漏斗中。在 250mL 烧杯❷中加入 4.5mL 的 70% 硫酸，用铁夹夹住烧杯，用小火加热至 110～120℃，缓缓搅拌，边搅拌边滴加环己酮肟溶液，滴完后继续搅拌 5～10min。反应液用冰盐浴冷却至 5℃ 以下。在冷却下，边搅拌边小心地通过滴液漏斗滴加浓氨水（约 25mL）至 pH=8。滴加过程中控制温度不超过 20℃。用少量水（不超过 10mL）溶解固体。反应液倒入分液漏斗，用氯仿萃取三次，每次 10mL。合并氯仿层用无水硫酸镁干燥后，常压蒸馏除去氯仿。残液进行减压蒸馏，收集 84～89℃/700Pa 馏分。馏出物很快固化成无色晶体。称重，

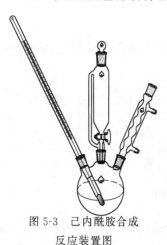

图 5-3　己内酰胺合成
反应装置图

计算产率，测定熔点。反应装置图如图 5-3 所示。

---

❶　羟胺只能存在于溶液中或以强酸盐的形式存在。使用时，用等物质的量的可溶性碱在水溶液中与其反应，游离出羟胺。

❷　由于重排反应进行得很剧烈，故需用大烧杯以利于散热，使反应缓和。

5.3.5　思考题

① 除了无水醋酸钠外，还可以用什么碱？
② 产品除了蒸馏的方法纯化以外，还可以用什么方法？

5.4　脲醛树脂的合成

【背景知识】

　　脲醛树脂，又称尿素甲醛树脂，简称 UF，平均相对分子质量约 10000。脲醛树脂主要用于制造模压塑料，制造日用生活品和电器零件，还可作板材黏合剂、纸和织物的浆料、贴面板、建筑装饰板等。脲醛树脂的主要用途是用作木材胶黏剂，占脲醛树脂总量的 80% 以上。由于其色浅和易于着色，制品往往色彩丰富瑰丽。脲醛树脂成本低廉，颜色浅，硬度高，耐油，抗霉，有较好的绝缘性和耐温性，但耐候性和耐水性较差。可用于耐水性和介电性能要求不高的制品，如插线板、开关、机器手柄、仪表外壳、旋钮、日用品、装饰品、麻将牌、便桶盖，也可用于部分餐具的制造。1924 年，英国氰氨公司研制，1928 年始出售产品，20 世纪 30 年代中期产量达千吨，80 年代世界年产量已超过 1.5Mt。

5.4.1　实验目的

① 了解脲醛树脂的合成原理和方法；
② 掌握电动搅拌器的正确使用。

5.4.2　实验原理

　　脲醛树脂是甲醛和尿素在一定条件下缩合反应而成。第一步是加成反应，生成各种羟甲基尿的混合物：

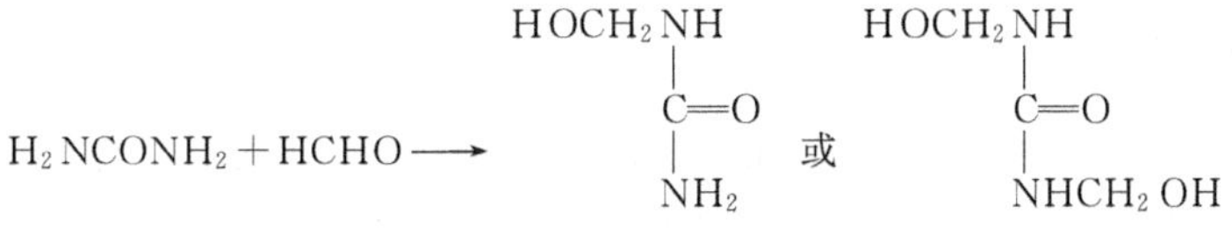

一羟甲基脲　　　二羟甲基脲

第二步是缩合反应，在亚氨基与羟甲基间脱水缩合：

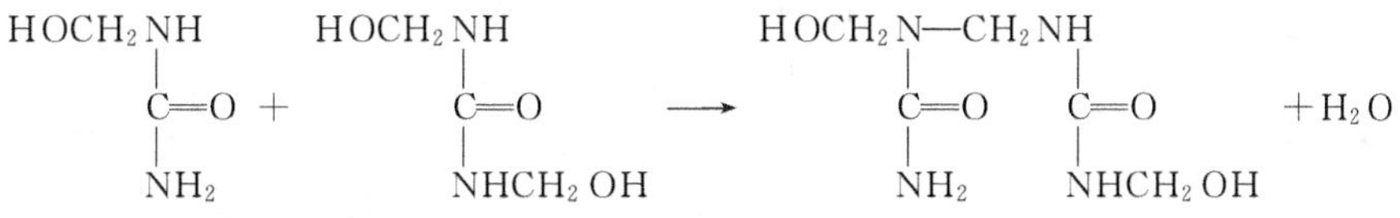

也可以在羟甲基与羟甲基间脱水缩合：

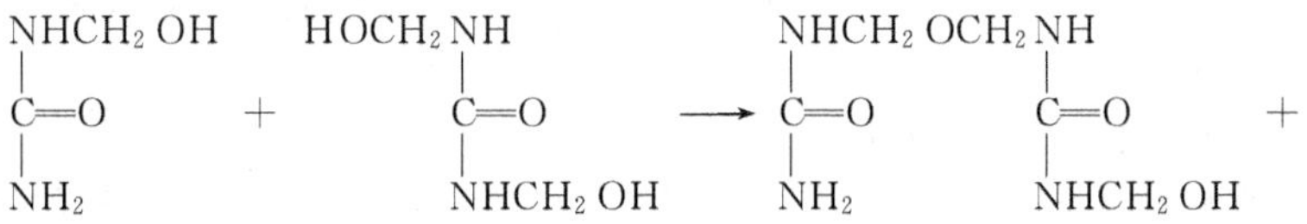

$$H_2O \longrightarrow \begin{array}{c} \text{O} \\ \| \\ HN-C-NH \\ | \quad\quad | \\ C=O \quad C=O \\ | \quad\quad | \\ NH_2 \quad NHCH_2OH \end{array} + HCHO$$

此外，还有甲醛与亚氨基间的缩合，均可生成低分子量的线型和低交联度的脲醛树脂：

$$\begin{array}{c} ----NHCH_2---- \\ + HCHO \longrightarrow \\ ----NHCH_2---- \end{array} \quad \begin{array}{c} ----NCH_2---- \\ | \\ CH_2 \\ | \\ ----NCH_2---- \end{array}$$

继续反应，得线型缩聚物。脲醛树脂的结构尚未完全确定，可认为其分子主链上有以下的结构：

$$\begin{array}{c} HN-\overset{H_2}{\underset{C=O}{C}}-N-\overset{H_2}{\underset{C=O}{C}}-N-\overset{H_2}{\underset{C=O}{C}}-N-\overset{H_2}{\underset{C=O}{C}}-N-\overset{H_2}{\underset{C=O}{C}}-N-\overset{H_2}{\underset{C=O}{C}}-N \\ | \qquad | \qquad | \qquad | \qquad | \qquad | \qquad | \\ NHCH_2OH \quad NH_2 \quad NH_2 \quad NHCH_2OH \quad NH_2 \quad NH_2 \quad NHCH_2OH \end{array}$$

上述中间产物中含有溶于水的羟甲基，故可作胶黏剂使用，当进一步加热时，或者在固化剂作用下，羟甲基与氨基进一步缩合交联成复杂的网状型结构。由于在最终产物中保留部分羟甲基，因而赋予胶层较好的黏结能力。脲醛树脂加入适量的固化剂，便可粘接制品。

5.4.3 仪器、试剂及相关物理常数

（1）**仪器** 三口烧瓶、电动搅拌器、球形冷凝管、温度计、电热套、玻璃棒等。

（2）**试剂** 37％甲醛100mL、5％氢氧化钠溶液、5％氨水或六次甲基四胺、尿素37g。

（3）**相关物理常数** 37％甲醛为有刺激性气味的无色液体，熔点−15℃，沸点101℃。六次甲基四胺为白色细粒状结晶，相对分子质量140.19，密度1.27kg/m³，熔点263℃（升华）。结晶尿素呈白色针状或棱柱状晶形，密度1.335kg/m³，熔点72.7℃。

5.4.4 实验步骤

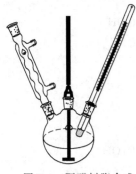

图5-4 脲醛树脂合成
反应装置图

在250mL的三口烧瓶中分别装上电动搅拌、冷凝管和温度计，将三口瓶置于水浴中（见图5-4）。检查装置，于三口烧瓶中加入100mL的甲醛溶液（37％），开动搅拌器，用氢氧化钠溶液和六次甲基四胺（或氨水）配合调pH值至7～7.5❶，加入全部尿素的95％（约35g）❷，待尿素溶解后，缓慢升温至90℃（约30min），保温1h，冷却。拆除回流装置，约于10min内升温至95～98℃，保温1～1.5 h，在这期间pH值会自动达到5～5.5。当pH值到达5时，加入剩余尿素，继续在沸水浴上加热，不断搅拌，使水蒸气逸出，检查到反应终点后，降温至50℃以下，用氢氧化钠溶液调pH值至7～8，出料密封于玻璃瓶中。于5mL的尿醛树脂中加入适量的氯化铵固化

❶ 混合物的pH值应不超过8～9，以防止甲醛发生Cannizzaro反应。

❷ 尿素加入速度易慢，若加入过快，由于溶解吸热会使温度下降，这样制得的树脂浆状物会浑浊且黏度增高。

剂，充分搅匀后均匀涂在表面干净的两块平整的小木板条上，然后让其吻合，并于上面加压，过夜，便可粘接牢固。反应装置图如图 5-4 所示。

5.4.5 思考题

① 升温速度太快，常常会发生什么现象？有何补救措施及预防办法？

② 如何判断终点？

5.5 苯亚甲基苯乙酮的合成

【背景知识】

查尔酮（苯亚甲基苯乙酮）类化合物是一类广泛存在于甘草、红花等药用植物中的天然有机化合物，由于其分子结构具有较大的柔性，能与不同的受体结合，因此具有广泛的生物活性。由于其显著的生物药理活性及独特的可塑性结构，近年来引起了化学工作者的研究兴趣。据有关文献报道，许多查尔酮化合物具有抗蜕虫、抗过敏、抗肿瘤、抑制和清除氧自由基、抗菌、抗病毒、抗溃疡和解痉等生物活性，是一类研究价值很高的化合物。还有文献报道查尔酮的共轭效应使其电子流动性非常好，且具有不对称的结构，所以是优越的有机非线性光学材料，可以作为光储存、光计算、激光波长转换材料。此外，查尔酮还可用作光化学中的光交联剂、荧光材料和液晶材料等。除此之外查尔酮还是一种重要的有机合成中间体，可用于香料和药物等精细化学品的合成。

5.5.1 实验目的

① 了解超声化学的一般原理、方法和应用；

② 掌握理解羟醛缩合反应原理和方法；

③ 理解掌握超声技术制备苯亚甲基苯乙酮的方法和实验操作。

5.5.2 实验原理

查耳酮经典的合成方法是在乙醇水溶液中，强碱氢氧化钠或氢氧化钾催化苯甲醛和苯乙酮羟醛缩合后脱水而得到。近年来，由于超声技术具有反应效率高、操作简单和环境友好等优点而深受关注。应用超声技术，苯甲醛与苯乙酮高效地发生羟醛缩合脱水反应，高产率地生成苯亚甲基苯乙酮，取得了很好的效果。

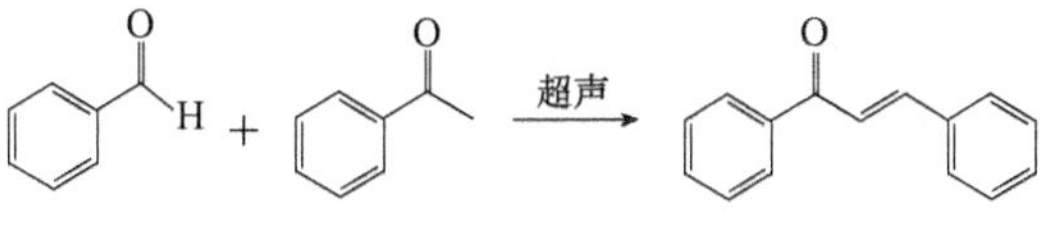

5.5.3 仪器、试剂及相关物理常数

（1）**仪器** 超声波发生器、锥形瓶。

（2）**试剂** 氢氧化钠（100g/L）、乙醇（95%）、苯乙酮、苯甲醛。

（3）**相关物理常数** 氢氧化钠为白色半透明、结晶状固体，密度 2.130kg/m³，熔点 318.4℃，沸点 1390℃。乙醇，俗称酒精，它在常温、常压下是一种易燃、易挥发的无色透明液体，密度 0.789kg/m³，沸点 78.5℃，熔点 −117.3℃。苯乙酮为无色或淡黄色低熔点、低挥发性、有水果香味的油状液体，密度 1.03kg/m³（20℃），熔点 19.7℃，沸点 202.3℃。

5.5.4 实验步骤

在 500mL 锥形瓶（见图 5-5）中，一次加入 6.3mL 氢氧化钠水溶液（100g/L）❶、7.5mL 乙醇（95％）、3mL（3g，25mmol）苯乙酮，摇匀。冷却至室温，再加入 2.5mL（2.65g，25mmol）新蒸的苯甲醛❷。将锥形瓶放在超声波清洗槽中，使反应瓶中的液面略低于清洗槽水面，启动超声波发生器，于 25～30℃❸反应 30～35min，有结晶析出。停止反应，于冰浴中冷却，使结晶完全。抽滤，冷水洗涤产品至中性，得到粗产品。粗产品用乙醇（95％）重结晶，干燥，称重，计算产率。

图 5-5　苯亚甲基苯乙酮
合成反应装置图

5.5.5 思考题

① 本实验为什么使用稀的氢氧化钠水溶液？使用浓度大的水溶液是否可以？

② 超声波是一种能量比较低的机械波，并不能改变化合物的结构或使化学键活化。那么，超声波促进化学反应的原因是什么？

③ 总结超声化学反应的特点。

5.6　乙酰二茂铁的合成

【背景知识】

二茂铁具有高度热稳定性、化学稳定性和耐辐射性，其在工业、农业、医药、航天、节能、环保等行业具有广泛的应用。二茂铁是一种金属有机化合物，它是火箭固体燃烧过程的加速剂、柴油的消烟节能添加剂、汽油抗爆助燃剂；各类重质燃料、煤、原油、聚合物等的消烟促燃剂。二茂铁具有类似于苯的芳香性，比苯更容易发生亲电取代反应，例如 Fridel-Crafts 反应。但由于其对氧化的敏感性限制了它在合成中的应用，如不能用混酸对其硝化，二茂铁的反应通常需在隔绝空气下进行。酰化时由于催化剂和反应条件不同，可得到一乙酰二茂铁或 1,1′-二乙酰二茂铁。与苯的衍生物反应相似，由于乙酰基的致钝作用，使两个乙酰基并不在一个环上。虽然二茂铁的交叉构象是占优势的，但研究发现二乙酰基二茂铁只有一种，说明环戊二烯能够绕着与金属键合的轴旋转。

5.6.1 实验目的

① 了解用 Friendel-Crafts 酰基化反应制备非苯芳酮的原理和方法；

② 掌握用薄层色谱跟踪反应进程和检测产品纯度的方法。

---

❶ 超声波法中，催化剂氢氧化钠的用量只有经典化学法的一半。如果用量太大，会发生大量的聚合物，影响收率。

❷ 苯甲醛在空气中或见光，会变黄，使用时必须重蒸，得到无色或淡黄色液体。

❸ 反应温度高于 30℃，或低于 15℃，对反应均不利。

5.6.2 实验原理

二茂铁，又称二环戊二烯合铁、环戊二烯基铁，是一种具有芳香族性质的有机过渡金属化合物。二茂铁是最重要的金属茂基配合物，也是最早被发现的夹心配合物，包含两个环戊二烯环与铁原子成键。一般认为，如用无水三氯化铝为催化剂，酰氯或酸酐为酰化剂，当酰化剂与二茂铁的摩尔比为 2∶1 时，反应物以 1,1′-二元取代物为主。以乙酸酐为酰化剂，三氟化硼、氢氟酸或磷酸为催化剂，主要生成一元取代物。在此反应条件下，主要生成单乙酰二茂铁，双乙酰二茂铁很少，但同时有未反应的二茂铁，可使用薄层色谱探索分离这些配合物的色谱条件。

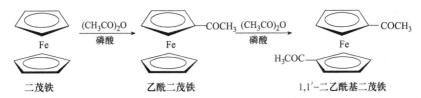

5.6.3 仪器、试剂及相关物理常数

(1) 仪器 圆底烧瓶、干燥管。

(2) 试剂 二茂铁、乙酸酐、磷酸、碳酸氢钠、石油醚（60～90℃）。

(3) 相关物理常数 二茂铁是一种具有芳香族性质的有机过渡金属化合物，熔点 172～174℃，100℃ 以上能升华。乙酸酐为无色透明液体，密度 $1.08kg/m^3$，熔点 $-73.1℃$，沸点 $138.6℃$。磷酸为白色固体或者无色黏稠液体（>42℃），密度 $1.685kg/m^3$（液体状态），熔点 42.35℃（316K），沸点 158℃（431 K）（分解，磷酸受热逐渐脱水，因此没有自身的沸点），市售磷酸是含 85% H_3PO_4 的黏稠状浓溶液。碳酸氢钠为白色晶体，或不透明单斜晶系细微结晶，密度 $2.15kg/m^3$，常温下性质稳定，受热易分解，在 50℃ 以上迅速分解，在 270℃ 时完全失去二氧化碳，在干燥空气中无变化，在潮湿空气中缓慢分解。石油醚（60～90℃）为无色透明液体，密度 $0.64～0.66kg/m^3$，熔点<−73℃，沸点 40～80℃，主要成分为戊烷、己烷。

5.6.4 实验步骤

5.6.4.1 乙酰二茂铁的合成

在 50mL 圆底烧瓶中❶，加入 1g（0.0054mol）二茂铁和 10mL（0.1mol）乙酸酐，在搅拌下用滴管慢慢加入 2mL 的 85% 的磷酸❷。投料毕，用装有无水氯化钙干燥管的球形冷凝管塞住瓶口（见图 5-6），60℃ 水浴上加热 15min。将反应化合物倾入盛 40g 碎冰的 400mL 烧杯中，并用 10mL 冷水涮洗烧瓶，将涮洗液并入烧杯。在搅拌下，分批加入固体碳酸氢钠❸，到溶液呈中性为

图 5-6 乙酰二茂铁合成
反应装置图

干燥剂

---

❶ 烧瓶要干燥，反应时应用干燥管，避免空气中的水进入烧瓶内。

❷ 因为磷酸有氧化性，因此滴加磷酸时一定要在搅拌下用滴管慢慢加入，否则易产生深棕色黏稠氧化聚合物。

❸ 用碳酸氢钠中和粗产物时，应小心操作，防止因加入过快使产物逸出。

止（要避免溶液溢出和碳酸氢钠过量，但要足量，否则乙酰二茂铁析出不充分，pH = 7～8）。将中和后的反应液置于冰浴中❶冷却 15min，抽滤收集析出的橙黄色固体，每次用 40mL 冰水洗两次，压干后在空气中干燥得粗品。

5.6.4.2　用薄层色谱检测粗产品纯度

（1）薄层板的制备与活化　薄层板的制备方法主要有干法和湿法两种，其中主要的方法为湿法制板。硅胶板的制备方法为：在 100mL 烧杯中加入 8g 的 GF_{254} 硅胶和 24mL 的 0.5% 羧甲基纤维素钠水溶液，用玻璃棒充分搅拌，调成均匀的糊状。将硅胶均匀倒在 10 块载玻片上。用玻璃棒铺平后轻轻振动至水平，放到水平桌面上自然晾干。薄层板干燥后，使用前需要在烘箱中活化。硅胶板的活化条件是在 105～110℃ 温度下活化 0.5h。

（2）点样与展开

① 吸附剂：薄层色谱用硅胶。

② 溶剂：乙醚和石油醚。

③ 展开剂：石油醚：乙醚 = 3：1 混合溶剂（学生自己配制）。

将产品与二茂铁标准样对照展开比较之。

5.6.5　思考题

① 二茂铁酰化时形成二酰基二茂铁时，第二个酰基为什么不能进入第一个酰基所在的环上？

② 二茂铁比苯更容易发生亲电取代，为什么不能用混酸进行硝化？

5.7　绿色植物色素的提取及色谱分离

【背景知识】

绿色植物的叶、茎中，如菠菜叶，含有叶绿素（绿）、胡萝卜素（橙）和叶黄素（黄）等多种天然色素。叶绿素存在两种结构相似的形式即叶绿素 a（$C_{55}H_{72}O_5N_4Mg$）和叶绿素 b（$C_{55}H_{70}O_6N_4Mg$），其差别仅是叶绿素 a 中一个甲基被甲酰基所取代从而形成了叶绿素 b。它们都是吡咯衍生物与金属镁的络合物，是植物进行光合作用所必需的催化剂。植物中叶绿素 a 的含量通常是叶绿素 b 的 3 倍。尽管叶绿素分子中含有一些极性基团，但大的烃基结构使它易溶于醚、石油醚等一些非极性的溶剂。胡萝卜素（$C_{40}H_{56}$）是具有长链结构的共轭多烯。它有三种异构体，即 α-胡萝卜素、β-胡萝卜素和 γ-胡萝卜素，其中 β-胡萝卜素含量最多，也最重要。叶黄素（$C_{40}H_{56}O_2$）是胡萝卜素的羟基衍生物，它在绿叶中的含量通常是胡萝卜素的两倍。与胡萝卜素相比，叶黄素较易溶于醇而在石油醚中溶解度较小。

5.7.1　实验目的

① 通过绿色植物色素的提取和分离，了解天然物质分离提纯方法；

② 通过对柱色谱和薄层色谱操作方法的掌握，掌握微量有机物色谱分离、鉴定的原理。

---

❶　乙酰二茂铁在水中有一定的溶解度，用冰量不可太多，洗涤时最好用冰水，洗涤次数也切忌过多。

5.7.2　实验原理

本实验先根据各种植物色素的溶解度情况将胡萝卜素（橙）、叶黄素（黄）、叶绿素 a 和叶绿素 b 从菠菜叶中提取出来，然后根据各化合物物理性质的不同用色谱法进行分离和鉴定。色谱法是分离、提纯和鉴定有机化合物的重要方法。其分离原理是利用混合物中各个成分的物理化学性质的差别，当选择某一个条件使各个成分流过支持剂或吸附剂时，各成分可由于其物理性质的不同而得到分离。与经典的分离提纯手段（重结晶、升华、萃取和蒸馏等）相比，色谱法具有微量、快速、简便和高效等优点。按其操作不同，色谱可分为薄层色谱、柱色谱、纸色谱、气相色谱和高压液相色谱等。色谱操作装置如图 5-7 所示。

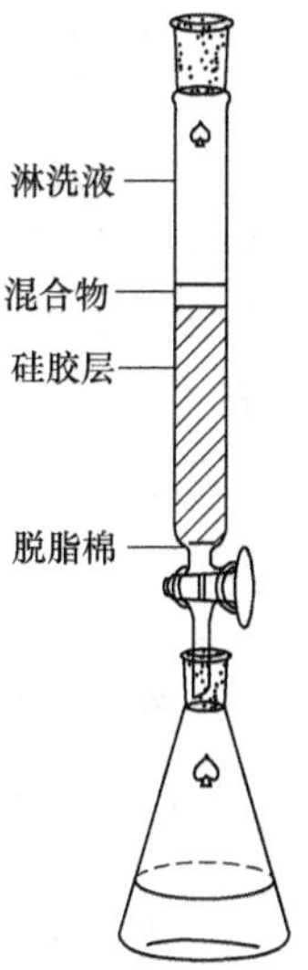

（1）柱色谱原理　液体样品从柱顶加入，流经吸附柱时，即被吸附在柱中固定相（吸附剂）的上端，然后从柱顶加入流动相（洗脱剂）淋洗，由于固定相对各组分吸附能力不同，以不同速度沿柱下移，吸附能力弱的组分随洗脱剂首先流出，吸附能力强的组分后流出，分段接收，以此达到分离、提纯的目的。

图中标注：淋洗液、混合物、硅胶层、脱脂棉

图 5-7　色谱操作装置

（2）薄层色谱原理　由于混合物中的各个组分对吸附剂（固定相）的吸附能力不同，当展开剂（流动相）流经吸附剂时，发生无数次吸附和解吸过程，吸附力弱的组分随流动相迅速向前移动，吸附力强的组分滞留在后，由于各组分具有不同的移动速率，最终得以在固定相薄层上分离。其应用主要有：跟踪反应进程；鉴定少量有机混合物的组成；分离；寻找柱色谱的最佳分离条件等。

叶绿素 a、叶绿素 b、叶黄素（黄）和 β-胡萝卜素的结构式如下所示。

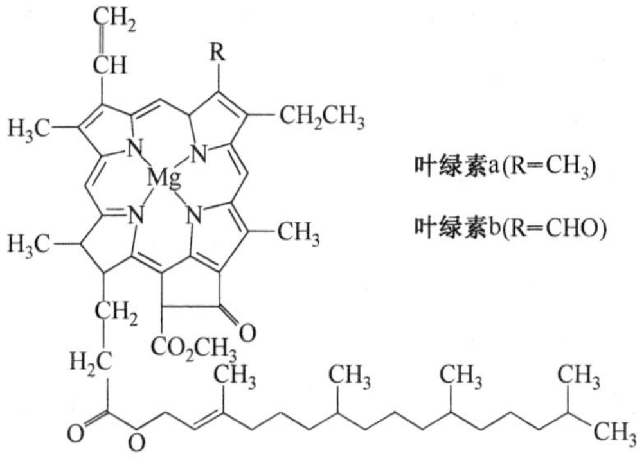

叶绿素a(R=CH$_3$)

叶绿素b(R=CHO)

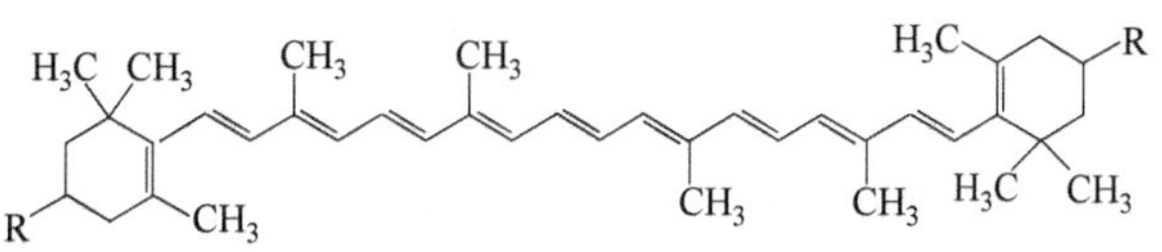

$\beta-$胡萝卜素 (R=H)　　　叶黄素 (R=OH)

5.7.3　仪器、试剂及相关物理常数

（1）仪器　色谱柱、薄层色谱板。

（2）药品　新鲜菠菜、石油醚、乙酸乙酯、丙酮、甲醇、硅胶 G、中性氧化铝。

（3）相关物理常数 乙酸乙酯为无色透明液体，密度 0.902kg/m³，熔点－83℃，沸点 77℃。丙酮为无色液体，具有令人愉快的气味（辛辣甜味），密度（d_{25}）0.7845kg/m³，熔点－94.7℃，沸点 56.05℃。甲醇系结构最为简单的饱和一元醇，熔点－98℃，沸点 64.5～64.7℃。

5.7.4　实验步骤

5.7.4.1　菠菜色素的提取过程

取 3g 新鲜菠菜叶于研钵中拌匀研磨 5min，残渣用 20mL 的石油醚-乙醇❶（2∶1）混合液进行提取，共提取两次。把浸取液合并过滤，滤液转移到分液漏斗中，加入等体积的水洗涤后弃去下层的水-乙醇层，石油醚层再用等体积的水洗涤两次，以除去乙醇和其他水溶性物质。石油醚层用无水 Na₂SO₄ 进行干燥、浓缩为 2mL。取一半做柱色谱分离，其余留做薄层色谱分析。

5.7.4.2　柱色谱的一般过程及菠菜色素的分离

（1）选择吸附剂

① 常用的吸附剂：氧化铝、硅胶、氧化镁、碳酸钙、活性炭等。

② 选择规则：吸附剂必须与被吸附物质和展开剂无化学作用；吸附剂的颗粒大小要适中；可以根据被提纯物质的酸、碱性选择合适的吸附剂。

③ 化合物的吸附能力与分子极性的关系：分子极性越强（或分子中所含极性较大的基团）其吸附能力也较强。极性基团的吸附能力排序如下。

$$Cl^-,\ Br^-,\ I^- < \quad C=C\quad < -OCH_3 < -COOR-$$

$$< \quad C=O < -CHO < -SH < -NH_2 < -OH < -COOH$$

（2）选洗脱剂 根据被分离物各组分的极性和溶解度选择相应极性的溶剂，当单一溶剂无法很好洗脱时，可考虑选择混合溶剂。

溶剂的洗脱能力按递增次序排列如下：己烷（石油醚）、四氯化碳、甲苯、苯、二氯甲烷、氯仿、乙醚、乙酸乙酯、丙酮、丙醇、乙醇、甲醇、水。

（3）装柱 色谱柱的大小应视处理量而定，柱长与直径之比，一般为 10∶1 ～ 20∶1。固定相用量与分离物质用量比约为 50∶1 ～ 100∶1。

装柱的方法分湿法和干法两种，无论哪一种，装柱的过程中都要严格排除空气，吸附剂不能有裂缝。上样前必须使吸附剂在洗脱剂的流动过程中进行沉降至高度不变为止，此为压柱。

（4）上样 将要分离的混合物用适当的溶剂溶解后，用滴管沿柱壁慢慢加入吸附剂表面。

（5）淋洗分离 当被分离物的溶液面降至吸附剂表面时，立即加入洗脱剂进行淋洗，此时可以配合薄层色谱来确定各组分的分离情况。

5.7.4.3　菠菜色素的分离

取 15～20g 中性氧化铝进行湿法装柱。填料装好后，从柱顶加入上述浓缩液，先用9∶1

---

❶ 叶绿体中的四种色素在石油醚中的溶解度不同，溶解度最高的是胡萝卜素，叶黄素和叶绿素 a 的溶解度次之，叶绿素 b 的溶解度最低。

的石油醚-丙酮进行洗脱，当第一个橙黄色色带（胡萝卜素）即将流出时，换一接收瓶接收，约需要洗脱剂 40mL。换用 7∶3 的石油醚-丙酮进行洗脱，当第二个棕黄色色带（叶黄素）即将流出时，换一接收瓶接收。此时，继续更换洗脱剂，用 3∶1∶1 的正丁醇-乙醇-水洗脱，分别在层析柱的上端可见蓝绿色和黄绿色的两个色带，此为叶绿素 a 和叶绿素 b❶。

5.7.4.4　薄层色谱（Thin Layer Chromatography）的操作方法

（1）点样　将样品用低沸点的溶剂配成 1%～5% 的溶液，用内径小于 1mm 的毛细管点样。点样前，先用铅笔在薄层板上距一端 1cm 处轻轻画一横线作为起始线，然后用毛细管吸取样品，在起始线上小心点样，斑点直径不超过 2mm；如果需要重复点样，则待前次点样的溶剂挥发后，方可重复点样，以防止样点过大，造成拖尾、扩散等现象，影响分离效果。若在同一板上点两个样，样点之间距离在 1～1.5cm 为宜。待样点干燥后，方可进行展开。

（2）展开和展开剂　薄层展开要在密闭的器皿中进行，加入展开剂高度为 0.5cm。把带有样点的板（样点一端向下）放在展开室中，并与器皿呈一定的角度。盖上盖子，当展开剂上升到离板的顶部约 1cm 处时取出，并立即标出展开剂的前沿位置，待展开剂干燥后，观察斑点的位置。

（3）显色　若化合物不带色，可用碘熏或喷显色剂后观察，若化合物有荧光，可在紫外灯下观察斑点的位置。

（4）R_f 值　一个化合物在薄层板上上升的高度与展开剂上升高度的比值称为该化合物的 R_f 值：

$$R_f = \frac{\text{化合物移动的距离}}{\text{展开剂移动的距离}}$$

5.7.4.5　菠菜色素的鉴定

取一块硅胶板，分别点上色素提取液样点，胡萝卜素样点和叶黄素样点，分别用石油醚-丙酮（8∶2）或石油醚-乙酸乙酯（6∶4）两种溶剂系统展开，观察斑点的位置并排列出胡萝卜素样点和叶黄素 R_f 值大小的次序。

5.7.5　思考题

① 色谱法分离是根据什么原理进行的？

② 柱色谱和薄层色谱主要应用在哪些方面？

③ TLC 分析中常用展开剂的极性大小顺序是怎样的？展开剂极性对样品的分离有何影响？点样、展开、显色这三个步骤各要注意什么？

5.8　卵磷脂的提取及鉴定

【背景知识】

卵磷脂被誉为与蛋白质、维生素并列的"第三营养素"，然而，真正了解卵磷脂的人却很少。1844 年法国人 Gohley 从蛋黄中发现卵磷脂（蛋黄素），并以希腊文命名为 Lecithos

---

❶　由于实验时间有限，只接收全部的胡萝卜素。在接收叶黄素的同时，进行柱上叶绿素的分离，不接收叶绿素，叶黄素也不必全部接收。

（卵磷脂），英文名为 Lecithin，也自此揭开了其神秘的面纱。卵磷脂是生命的基础物质，人类生命自始至终都离不开它的滋养和保护。卵磷脂存在于每个细胞之中，更多的是集中在脑及神经系统、血液循环系统、免疫系统以及肝、心、肾等重要器官。

通常所说的磷脂泛指大豆磷脂，以大豆磷脂物为主体，并含有中性油和其他非磷脂成分，如色素、糖分、半乳糖苷、脑苷脂类。磷脂是一类脂的统称，含有多种含磷成分，大豆磷脂或称大豆卵磷脂含有卵磷脂、脑磷脂、心磷脂、磷脂酸（PA）、磷脂酰甘油（PG）、缩醛磷脂、溶血磷脂等。其多种营养成分对人体均有很大的裨益，加上其成本价格的低廉，所以市场上销售的多为大豆卵磷脂。

5.8.1　实验目的

① 了解磷脂类物质的结构和性质；
② 掌握卵磷脂的提取鉴定的原理和方法。

5.8.2　实验原理

卵磷脂为类白色或淡黄色粉末，具有轻微的特臭，触摸时有轻微滑腻感。置空气中色泽很快变深结块成糊状物。卵磷脂在乙醇、乙醚、氯仿或石油醚（沸程 $40\sim60\,^{\circ}\mathrm{C}$）中溶解，在丙酮中微溶，在水中几乎不溶，利用此性质可将卵磷脂从大豆油中提出。新提取的卵磷脂为白色，当与空气接触后，其所含不饱和脂肪酸会被氧化而使卵磷脂呈黄褐色。卵磷脂被碱水解后可分解为脂肪酸盐、甘油、胆碱和磷酸盐。甘油与硫酸氢钾共热，可生成具有特殊臭味的丙烯醛；磷酸盐在酸性条件下与钼酸铵作用，生成黄色的磷钼酸沉淀；胆碱在碱的进一步作用下生成无色且具有氨和鱼腥气味的三甲胺。这样通过对分解产物的检验可以对卵磷脂进行鉴定。

卵磷脂也叫磷脂酰胆碱，是最典型的甘油酯类，由甘油与脂肪酸和磷酰胆碱结合而成。化学结构式如下：

$$
\begin{array}{l}
\mathrm{CH_2O-COR} \\
\mathrm{CHO-COR} \\
\qquad\quad \mathrm{O} \\
\qquad\quad \| \\
\mathrm{CH_2O-P-O-CH_2CH_2-\overset{+}{N}(CH_3)_3} \\
\qquad\quad | \\
\qquad\quad \mathrm{O}
\end{array}
$$

5.8.3　仪器、试剂及相关物理常数

（1）仪器　小烧杯、试管。

（2）试剂　大豆油、红色石蕊试纸、10％氢氧化钠溶液、钼酸铵试剂、丙酮、乙醚、3％溴的四氯化碳溶液、硫酸氢钾。

（3）相关物理常数　乙醚为无色透明液体，密度 $0.7134\mathrm{kg/m^3}$，熔点 $-116.3\,^{\circ}\mathrm{C}$，沸点 $34.6\,^{\circ}\mathrm{C}$。四氯化碳为无色、易挥发、不易燃的液体，密度 $1.595\mathrm{kg/m^3}$，沸点 $76.8\,^{\circ}\mathrm{C}$。硫酸氢钾为白色片状或粒状结晶，密度 $2.24\mathrm{kg/m^3}$，熔点 $197\,^{\circ}\mathrm{C}$。

5.8.4　操作步骤

5.8.4.1　卵磷脂的提取

取一定量的新鲜大豆油于烧杯中，再取足量的丙酮溶液，使大豆中其他有机物质溶解在

丙酮中,让卵磷脂沉淀下来,接着待沉淀完成,即可得到粗的卵磷脂。停止加入丙酮,再经过滤而得到卵磷脂。

5.8.4.2 卵磷脂的溶解性

取干燥试管,加入少许卵磷脂,再加入 5mL 乙醚,用玻璃棒搅动使卵磷脂溶解,逐滴加入丙酮 3~5mL,观察实验现象。

5.8.4.3 卵磷脂的鉴定

(1)**三甲胺的检验** 取干燥试管一支,加入少量提取的卵磷脂以及 2~5mL 氢氧化钠溶液,放入水浴中加热 15min❶,在管口放一片红色石蕊试纸,观察颜色有无变化,并嗅其气味。将加热过的溶液冷却,在玻璃漏斗中用棉花❷过滤水解物,滤液供下面检验。

(2)**不饱和性检验** 取干净试管一支,加入 10 滴上述滤液,再加入 1~2 滴 3％溴的四氯化碳溶液,振摇试管,观察有何现象产生。

(3)**磷酸的检验** 将 6g 钼酸铵溶于 15mL 蒸馏水中,加入 5mL 浓氨水,另外将 24mL 浓硝酸溶于 46mL 的蒸馏水中,两者混合静置一天后再用。取干净试管一支,加入 10 滴上述滤液和 5~10 滴 95％乙醇溶液,然后再加入 5~10 滴钼酸铵试剂,观察现象。最后将试管放入热水浴中加热 5~10min,观察有何变化。

(4)**甘油的检验** 取干净试管一支,加入少许卵磷脂和 0.2g 硫酸氢钾,用试管夹夹住并先在小火上略微加热,使卵磷脂和硫酸氢钾混熔,然后再集中加热,待有水蒸气放出时,嗅有何气味产生。

5.8.5 思考题

① 从大豆油中分离卵磷脂的原理是什么?
② 本实验中检验甘油的原理是什么?

---

❶ 加热时,胆碱会分解产生三甲胺臭味。
❷ 不能用滤纸过滤,因在碱液中滤纸会溶胀影响过滤效果。

第6章 设计性实验

设计性实验在于使学生了解有机化学发展的前沿,锻炼和培养学生独立进行查阅文献和获取所需知识的能力,加强学生创新思维、创新能力和综合素质的培养,充分调动学生学习的积极性、主动性和创造性,提高学生的实践能力、创新能力和科研素质,提高学生分析问题和解决问题的能力。

6.1 化工原料乙酰苯胺、己二酸混合物分离提纯

【背景知识】

在生产和生活中,接触到的物质大多是混合物,如石油、粗盐等。化工产品中也常混有少量的杂质。为了适应各种不同的需要,常常要把混合物里的几种物质分开,得到较为纯净的物质,这叫做混合物的分离。把不纯物质中的杂质除去,叫做提纯。分离提纯作为一种重要的方法,不仅在化学研究中具有重要作用,在化工生产中也同样具有十分重要的作用。不少重要的化学研究与化工生产,都是以分离提纯为主体的,如石油工业等。在石油工业中通过分离石油中不同的馏分,得到石油气、汽油、煤油等产品。混合物常用的分离提纯方法有过滤、结晶、重结晶、蒸馏和萃取等。有机物的分离和提纯要依据被提纯物质的性质,采用物理方法或化学方法除去杂质,一般情况是加入某种试剂,与杂质反应,生成易溶于水的物质,再用分液的方法除去杂质。

本实验的具体要求如下所述。

① 根据乙酰苯胺、己二酸的性质,查阅相关参考文献,设计合理的分离提纯方法。

② 在广泛查阅资料的基础上,形成初步设计方案,详细列出以下内容:实验目的、实验原理、实验仪器及药品(数量及规格)、实验条件、实验步骤、注意事项、数据处理及讨论。

③ 将方案提前2周交指导教师检查、修改、完善,最终形成具有可操作性的实验方案。设计的方案一定要科学、合理。

④ 预测实验过程中可能出现的问题,提出相应的处理方法。

⑤ 测定分离后产品的熔点。

6.2 蜜蜂警报信息素——乙酸异戊酯合成

【背景知识】

乙酸异戊酯俗称香蕉油,是无色透明液体,具有香蕉香味,它也天然存在于梨、香蕉、

菠萝、苹果、葡萄及草莓等果浆中，还存在于可可豆中。乙酸异戊酯可用作食品和化妆品香精，用作喷漆、清漆、硝酸纤维素、氯丁橡胶、油墨等的溶剂，药品生产中的萃取剂，铬的测定和摄影、印染，铁、钴、镍的萃取剂等，这种用途广泛的有机化工产品在国内外具有广阔的需求市场。乙酸异戊酯也是蜜蜂警报信息素的化学成分之一。警报信息素系蚁、白蚁、蜜蜂等社会性昆虫的巢被侵犯时，其群体的成员为了传递警报信息而使用的外激素。一般分子量小，碳原子数 5~10，相对分子质量 100~200，具挥发性，贮藏于接近体表的贮藏囊内，受到刺激则分泌挥发。蜜蜂从上颚腺分泌庚酮，从刺针腔腺分泌乙酸异戊酯，能迅速传递告警信息，并激起其他工蜂的螫刺反应。工业生产多采用乙酸和异戊醇为原料经催化酯化得到乙酸异戊酯。

本实验的具体要求如下所述。

① 查阅相关参考文献，设计合理的合成路线。

② 以在广泛查阅资料的基础上，形成初步设计方案，详细列出以下内容：实验目的、实验原理、实验仪器及药品（数量及规格）、实验条件、实验步骤、注意事项、数据处理及讨论。

③ 将方案提前 2 周交指导教师检查、修改、完善，最终形成具有可操作性的实验方案。设计的方案一定要科学、合理。

④ 预测实验过程中可能出现的问题，提出相应的处理方法。

6.3 扑热息痛——对乙酰氨基酚合成

【背景知识】

扑热息痛的学名叫对乙酰氨基酚，为白色结晶或结晶粉末，无臭，味微苦，熔点 168~172℃。它是一种极为常用的解热镇痛药。白加黑、泰诺、去痛片、快克等常用的药品中都有这种成分。它也是最常用的非抗炎解热镇痛药，解热作用与阿司匹林相似，镇痛作用较弱，无抗炎抗风湿作用，是乙酰苯胺类药物中最好的品种，特别适合于不能应用羧酸类药物的病人。对乙酰氨基酚还可作为有机合成中间体，用于合成贝诺酯、丙帕他莫等药物，也可用作过氧化氢稳定剂。目前，对乙酰氨基酚已成为国际医药市场上头号解热镇痛药，也是我国原料药中产量最大的品种之一。文献报道的对乙酰氨基酚合成路线很多，目前国内主要以对硝基氯苯水解得到对硝基酚，经铁屑还原制得对氨基酚，用醋酐酰化获得对乙酰氨基酚。

本实验的具体要求如下所述。

① 查阅相关参考文献，设计合理的合成路线。

② 在广泛查阅资料的基础上，形成初步设计方案，详细列出以下内容：实验目的、实验原理、实验仪器及药品（数量及规格）、实验条件 、实验步骤、注意事项、数据处理及讨论。

③ 将方案提前 2 周交指导教师检查、修改、完善，最终形成具有可操作性的实验方案。设计的方案一定要科学、合理。

④ 预测实验过程中可能出现的问题，提出相应的处理方法。

⑤ 测定产品熔点。

6.4　模拟化工厂生产工艺生产二元酸二元酯

【背景知识】

邻苯二甲酸酯是非常重要的二元酸二元酯类物质，其产品主要用作增塑剂（能增加材料的柔软性或使材料液化的添加剂），是工业上被广泛使用的高分子材料助剂，在塑料加工中添加这种物质，可以使其柔韧性增强，容易加工。近年来，我国已成为亚洲地区增塑剂生产量和消费最多的国家。增塑剂的品种繁多，在其研究发展阶段其品种曾多达 1000 种以上，作为商品生产的增塑剂不过 200 多种，而且以邻苯二甲酸酯类产品为主。除此之外很多二元酸二元酯是非常重要的化工产品，如尼龙酸甲酯，是由琥珀酸（丁二酸）二甲酯、戊二酸二甲酯和己二酸二甲酯三种良好环境的二价酸酯溶剂组成，正是由于这种独特的构成，使尼龙酸甲酯成为一种无毒、无色透明的液体，有淡淡酯的芳香味，具有超强溶解能力，是可生物降解的环保型高沸点溶剂，广泛用于汽车涂料、彩色钢板涂料、罐头涂料、漆包线、家电料、家具木器涂料等行业。本实验要求根据实验室条件完成二元酸二元酯合成工艺优化。

本模拟实验的具体要求如下所述。

① 查阅相关参考文献，设计合理的合成路线。

② 在广泛查阅资料的基础上，形成初步设计方案，详细列出以下内容：实验目的、实验原理、实验仪器及药品（数量及规格）、实验条件、实验步骤、注意事项、数据处理及讨论。

③ 将方案提前 2 周交指导教师检查、修改、完善，最终形成具有可操作性的实验方案。设计的方案一定要科学、合理。

④ 预测实验过程中可能出现的问题，提出相应的处理方法。

⑤ 测定产品酸值。

6.5　避蚊胺——N,N-二乙基间甲苯甲酰胺合成

【背景知识】

驱避剂又称昆虫驱避剂，是由植物产生或人工合成的具有驱避昆虫作用的活性化学物质。本身无杀虫活性，依靠挥发出的气味驱避昆虫。如天然香茅油和人工合成的避蚊胺能对驱避蚊类叮咬，环己胺可驱避白蚁，樟脑能驱避衣蛾。N,N-二乙基间甲苯甲酰胺（N,N-Diethyl-m-Toluamide，简称 DEET）俗称避蚊胺，为无色至琥珀色液体，是一种人工合成的驱避剂，对蚊虫具有很强的驱避作用。据报道，避蚊胺的驱避效能是产生于其对蚊虫感觉器官的阻塞作用，因而它对人畜无毒，使用安全，不会引起生物圈失衡，使用驱避剂控制害虫是解决农药污染的好办法。由于避蚊胺无毒无味且效力持久，应用十分广泛，除了用于蚊虫的驱避，也用于血吸虫等疾病的预防。同时，避蚊胺也是一种强效溶剂，能使塑料、人造纤维、氨纶、合成纤维组织物、皮革，包括指甲油在内的着色或涂料的表面溶解。

本实验的具体要求如下所述。

① 查阅相关参考文献，设计合理的合成路线。

②　在广泛查阅资料的基础上，形成初步设计方案，详细列出以下内容：实验目的、实验原理、实验仪器及药品（数量及规格）、实验条件、实验步骤、注意事项、数据处理及讨论。

③　将方案提前 2 周交指导教师检查、修改、完善，最终形成具有可操作性的实验方案。设计的方案一定要科学、合理。

④　预测实验过程中可能出现的问题，提出相应的处理方法。

第7章　开放性实验

7.1　家用废油制备肥皂

【背景知识】

家庭反复炸过食物的油（或餐饮废油），对人体有害，排入下水管，会导致管道油腻、堵塞、滋生蟑螂等，直接倒掉又会污染水质和土壤。这些废油流到江河后，其分解物富含营养物质，使江河"富营养化"，这就是江河发臭、藻类大量繁殖的主要原因之一。

用废油制肥皂可提高人们环保意识，同时改善生态环境。

肥皂的制作方法分冷制皂和热制皂。冷制皂是指在室温下或温度不超过40℃进行皂化，这一条件下可避免因高温而使某些养分流失。市售肥皂多采用热制皂法，该法优点是操作时间短，缺点是养分易流失。

肥皂之所以能去污，是因为它有特殊的分子结构，分子的一端有亲水性，另一端则有亲油脂性，在水与油污的界面上，肥皂使油脂乳化，让油脂溶于肥皂水中；在水与空气的界面上，肥皂围住空气的分子形成肥皂泡沫。原先不溶于水的污垢，因肥皂的作用，无法再依附在衣物表面，而溶于肥皂泡沫中，最后被整个清洗掉。

7.1.1　实验目的

① 了解肥皂的性能、特点和用途；
② 掌握废油制备肥皂的操作。

7.1.2　实验原理

废油中的油脂在碱性条件下发生水解反应，生成羧酸钠（肥皂）和甘油，该反应也被称为皂化反应。

$$\begin{array}{l} CH_2OCOR_1 \\ | \\ CHOCOR_2 \\ | \\ CH_2OCOR_3 \end{array} +3NaOH \longrightarrow R_1COONa + R_2COONa + R_3COONa + \begin{array}{l} CH_2OH \\ | \\ CHOH \\ | \\ CH_2OH \end{array}$$

7.1.3　仪器、试剂及相关物理常数

（1）**仪器**　天平、烧杯、量筒、玻璃棒、水浴锅、热过滤装置、温度计等。

（2）**试剂**　废油（炸过食品的废油或油烟机收集的油脂）、95％乙醇、氢氧化钠、氯化钠饱和溶液、白糖、蒸馏水等。

（3）**相关物理常数**　略。

7.1.4 实验步骤

在一干燥的烧杯中加入 10g 废油、5g 白糖❶、20mL 乙醇，水浴加热至 90℃。将 15mL 40% NaOH 溶液缓慢加入该废油中，边加边搅拌，直到混合物变稠，测其 pH＝8～9❷。加入体积分数约为皂化液 15%的热水，质量分数约为废油量 10%的盐，继续搅拌，加热煮沸 5min，待水、皂清楚分层时，再煮沸 10min 后静置 1h，放出下层废水，得粗皂基。

把皂化好的溶液倒入 100mL 饱和食盐水中❸，搅拌，使皂胶（肥皂絮状物）充分析出而漂浮在溶液上层，下层是甘油、过量碱和食盐水。捞出絮状物，把它压制成型，晾干，即制成肥皂，同时回收甘油、碱和食盐。

7.1.5 思考题

① 废油中加入乙醇目的是什么？
② 查阅文献，提出由废油制生物柴油的工艺。

7.2 无水乙醇和绝对无水乙醇的制备

【背景知识】

乙醇是重要的有机溶剂和基本化工原料，广泛用于医药、涂料、卫生用品、化妆品、油脂等各个领域，其制品多达 300 种以上。75%的乙醇-水溶液具有强杀菌能力，是常用的消毒剂。市售的无水乙醇一般只能达到 99.5%的纯度，在许多反应中需要用纯度更高的绝对乙醇，经常需要自己制备。

7.2.1 实验目的

① 了解无水乙醇、绝对无水乙醇纯化原理；
② 掌握无水乙醇、绝对无水乙醇制备方法。

7.2.2 实验原理

通常工业用的 95.5%的乙醇不能直接用蒸馏法制取无水乙醇，因 95.5%乙醇和 4.5%的水形成恒沸点混合物。要把水除去，第一步是加入氧化钙（生石灰）煮沸回流，使乙醇中的水与生石灰作用生成氢氧化钙，然后再将无水乙醇蒸出。这样得到的无水乙醇纯度可到 99.5%。纯度更高的绝对无水乙醇可用金属镁或金属钠进行处理。

7.2.3 仪器、试剂及相关物理常数

（1）仪器 圆底烧瓶、回流冷凝管、干燥管、蒸馏头、温度计。
（2）试剂 95%乙醇、氧化钙、氯化钙、金属钠、邻苯二甲酸二乙酯、镁条、碘片。

---

❶ 加白糖可使肥皂产生细致的泡沫。
❷ pH＝8～9 表明皂化基本完全（此时也可取几滴反应液加水后观察是否有油珠出现，若无表明皂化结束）。
❸ 加食盐或饱和食盐水，使肥皂与甘油水分离（盐析）。

（3）**相关物理常数** 乙醇是无色透明，易挥发，具有特殊香味的液体。相对分子质量46.07，相对密度 0.79kg/m³，沸点 78.4℃，能跟水以任意比互溶。

7.2.4 实验操作

7.2.4.1 无水乙醇（99.5%）的制备

在 100mL 干燥圆底烧瓶中❶，加入 50mL 95%乙醇和 10g 生石灰❷，装上回流冷凝管，冷凝管上端接一无水 $CaCl_2$ 干燥管，加热回流 2～3h。

回流结束时，稍冷取下冷凝管，改成常压蒸馏装置，蒸馏装置尾部接一无水 $CaCl_2$ 干燥管。用一干燥的磨口圆底烧瓶作接收器，收集沸点 78～79℃馏分。称量所得无水乙醇的质量，同时计算收率。

7.2.4.2 绝对乙醇（99.95%）的制备

（1）**用金属钠制取** 在 100mL 干燥圆底烧瓶中，加入 0.25g 金属钠❸和 25mL 纯度至少为 99.5%的乙醇，加入 2 粒沸石。加热回流 30min 后，取下冷凝管，改为常压蒸馏装置，按收集无水乙醇的要求进行蒸馏，产品贮于带有磨口塞或橡皮塞的容器中。

（2）**用金属镁制取** 在 100mL 的圆底烧瓶中，放置 0.6g 干燥纯净的镁条、10mL 99.5%乙醇，装上回流冷凝管，并在冷凝管上附加一只无水氯化钙干燥管。在水浴上微热后，移去热源，立刻加入几粒碘片❹（此时注意不要振荡），不久就在碘片附近发生反应，最后可以达到相当剧烈的程度。待全部镁反应完毕后，加入 50mL 99.5%乙醇和几粒沸石。回流 1h，取下冷凝管，改成常压蒸馏装置，按上面的方法进行蒸馏，产品贮于带有橡皮塞的容器中。

7.2.5 思考题

① 用 200mL 工业乙醇（95%）制备无水乙醇时，理论上需要氧化钙多少克？
② 回流在有机合成中有何作用？为什么回流装置要用球形冷凝管？

7.3 农作物中易挥发性酸的测定

【背景知识】

霉烂的果蔬、籽粒，未成熟的种子和果实，常含有较多的挥发性酸。挥发性酸是指低碳链的直链脂肪酸，主要是醋酸和痕量甲酸、丁酸等，不包含可用水蒸气蒸馏的乳酸、琥珀酸、山梨酸及 CO_2、SO_2 等。

正常工业生产中的食品，其挥发酸的含量较稳定。若在生产中使用了不合格的原料或违背正常工艺操作，则由糖的发酵就会使挥发酸的含量增加，从而降低食品的品质。因此，挥发酸的含量是农产品品质好坏的一个重要指标。

---

❶ 由于乙醇具有很强的吸水性，所以本实验中所用仪器必须彻底干燥。
❷ 用干燥剂干燥有机溶剂时，一般在蒸馏前应先过滤除去。但氧化钙与乙醇中的水反应生成氢氧化钙在加热时不分解，故可留在烧瓶中一起蒸馏。
❸ 取金属钠时要用镊子，先用滤纸吸干钠表面的溶剂油后，切去其氧化膜，取未被氧化的部分。切下的钠屑应放回原瓶中，不要乱扔。
❹ 碘可加速反应进行。如果加碘后还不反应，可再加几粒；若反应仍很慢，可适当加热促使反应进行。

挥发性酸的测定方法有直接法和间接法。直接法是通过水蒸气蒸馏或溶剂萃取把挥发酸分离出来，然后用标准碱滴定；间接法是将挥发性酸蒸发排除后，用标准碱滴定不挥发酸，再从总酸度中减去此不挥发酸即得挥发酸含量。

7.3.1 实验目的

① 掌握水蒸气蒸馏操作；
② 掌握农作物中易挥发酸测定方法。

7.3.2 实验原理

挥发性酸包含游离态和结合态两部分，前者在水蒸气蒸馏时较易挥发，后者比较困难。本实验采取先将样品经适当处理，然后加适量磷酸使结合态挥发酸游离出来，用水蒸气蒸馏分离出总挥发酸，经冷凝收集后，以酚酞作指示剂，用标准碱溶液滴定至微红色 0.5min 不褪色为终点。再根据标准碱消耗量计算样品中挥发酸含量。

本法适用于各种饮料、果蔬及其制品（如发酵制品、酒等）中挥发酸含量的测定。

7.3.3 仪器、试剂及相关物理常数

（1）仪器 水蒸气蒸馏装置、磁力搅拌器等。
（2）试剂 未成熟果蔬、10％磷酸溶液、0.1mol/L 标准氢氧化钠溶液、1％酚酞乙醇溶液。
（3）相关物理常数 略。

7.3.4 实验步骤

准确称取 2～3g 均匀样品❶（挥发酸含量少的可酌情增加），用无 CO_2 的蒸馏水❷ 50mL 洗入 250mL 烧瓶中，加入 1mL 10％磷酸溶液。按图 7-1 安装水蒸气蒸馏装置，加热蒸馏至瓶中液体为 15～20mL 为止。待蒸馏瓶冷却以后，加入 50mL 蒸馏水再次蒸馏，至 10～20mL 液体为止。取适量馏出液❸加入酚酞指示剂 3～4 滴，用 0.1mol/L NaOH 标准溶液滴至微红色 0.5min 不褪色为终点。在相同的条件下做一空白试验。

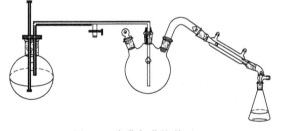

图 7-1　水蒸气蒸馏装置

7.3.5 结果计算

食品中挥发酸通常以醋酸❹的质量分数表示，计算公式如下：

---

❶ 一般果蔬及饮料可直接取；若含 CO_2 的饮料或发酵酒类则需先排除 CO_2，方法是取 80～100mL（g）样品于锥形瓶中，磁力搅拌的同时低真空抽气 5min 左右；固体样品及黏稠制品先取适量，用定量水溶解，捣成浆状再称取。
❷ 本实验所用蒸馏水应经煮沸除去二氧化碳。
❸ 若颜色过深，可先加入等量蒸馏水稀释后再滴定。终点不易辨认时，可用原样作对比，判明终点，也可改用电位或电导滴定法。
❹ 一般葡萄的总酸度用酒石酸表示，柑橘以柠檬酸表示，核仁、核果按苹果酸表示，牛乳以乳酸表示。

挥发酸（以乙酸计，g/100g 或 g/100mL）％ $=c (V_1-V_2)\times 0.06\times 100/m$

式中，c 为标准溶液 NaOH 的量的浓度，mol/L；V_1 为样液滴定时 NaOH 标准溶液的用量，mL；V_2 为空白滴定时 NaOH 标准溶液的用量，mL；0.06 为乙酸的换算系数，即 1mmol NaOH 相当于醋酸的克数；m 为样品的质量，g 或 mL。

7.3.6 思考题

① 溶解样品时为何要加磷酸？
② 如何配制 0.1mol/L NaOH 标准溶液？

7.4 有机玻璃的合成

【背景知识】

有机玻璃是一种高分子透明材料，其化学名称是聚甲基丙烯酸甲酯，简称 PMMA，是由甲基丙烯酸甲酯聚合而成的。该材料有极好的透光性能，可透过 92％ 以上的太阳光，紫外线透过率达 73.5％，具有机械强度较高，有一定的耐热、耐寒、耐腐蚀，绝缘性能良好，易于成型，易溶于有机溶剂的特点。

有机玻璃的应用极为广泛，在制造业领域，它可用于制作飞机的座舱盖、风挡、弦窗以及大型建筑的天窗、电视、雷达的屏幕、仪器和设备的防护罩、望远镜和照相机的光学镜片等；在家居生活中，用它制造的浴缸、洗脸盆、家具具有外观豪华、容易清洗、使用舒适等特点。迄今为止，它是合成透明材料中性质最优异者。

有机玻璃在医学上还有一个绝妙的用处，那就是制造人工角膜。所谓人工角膜，就是用一种透明的物质做成一个直径只有几毫米的镜柱，然后在人眼的角膜上钻一个小孔，把镜柱固定在角膜上，光线通过镜柱进入眼内，人眼就能重见光明。

7.4.1 实验目的

① 了解自由基本体聚合的特点；
② 掌握有机玻璃的制造技术。

7.4.2 实验原理

该反应属于自由基引发的聚合反应。所用引发剂有光敏引发剂和热敏引发剂❶，本实验采用的过氧化苯甲酰属于后者。

制备有机玻璃一般采用本体聚合。所谓本体聚合是指不加溶剂或稀释剂的情况下直接由单体进行聚合。其优点是产品纯度高，有较好的光学和电学性能，且可直接聚合成所需的形状。聚合的关键技术问题是散热问题，反应初期，体系黏度不大，散热尚不困难；但随着反应进行，聚合度增加，黏度加大，反应热不宜散发，反应就会自动加速，极易造成局部过热而产生气泡、变色甚至暴聚。所以工业上常采用分级升温聚合的方法来解决散热问题。

聚合反应相关反应式：

---

❶ 光敏引发剂是指在光照射下分解产生自由基的物质；热敏引发剂是指在加热情况下分解产生自由基的物质。

$$n\ H_2C=\underset{\underset{CH_2OOCH_3}{|}}{\overset{\overset{CH_3}{|}}{C}} \xrightarrow{\text{引发剂}} \left[\underset{\underset{COOCH_3}{|}}{\overset{\overset{CH_3}{|}}{\underset{C}{C}}}\underset{}{\overset{\overset{H_2}{|}}{C}}\right]_n$$

7.4.3 仪器、试剂及相关物理常数

（1）**仪器** 锥形瓶、恒温水浴、试管夹、试管。

（2）**试剂** 甲基丙烯酸甲酯（MMA）、过氧化苯甲酰（BOP）。

（3）**相关物理常数** 甲基丙烯酸甲酯是一种无色易挥发并具有强辣味的液体。相对分子质量 100.12，沸点 100.5℃，密度 0.94kg/m³。过氧化苯甲酰是白色晶体，微有苦杏仁气味，相对分子质量 242.23，密度 1.33kg/m³，熔点 103℃。

7.4.4 实验操作

在 50mL 锥形瓶中加入 20mL MMA 和 0.7g BPO，瓶口用胶塞盖上，用试管夹夹住瓶颈在 85～90℃的水浴中不断晃动，进行预聚合约 0.5h，当体系黏度变大但仍能顺利流动时❶，结束预聚合。将该黏稠液体小心地分别灌入预先干燥的两支试管中，浇灌时注意防止锥形瓶外的水珠滴入。

用棉花塞上试管口，放入 45～50℃的水浴中反应约 20h❷，然后再在烘箱中控温 100～105℃反应 2.5h，使单体转化完全。

7.4.5 思考题

① 为什么要严格控制不同阶段的反应温度？

② 浇注灌模为什么要防止锥形瓶外的水珠滴入？

7.5 阿司匹林的合成及其纯度鉴定

【背景知识】

阿司匹林，学名乙酰水杨酸。早在 18 世纪，人们从柳树皮中提取了水杨酸，并注意到它可以作为止痛、退热和消炎药，美中不足的是，它对肠胃刺激作用较大。19 世纪末，人们成功地合成可以替代水杨酸的有效药物——乙酰水杨酸。时至今日，阿司匹林已应用百年，成为医药史上三大经典药物之一，目前它仍是世界上应用最广泛的解热、镇痛和抗炎药。

阿司匹林通过血管扩张，短期内可以起到缓解头痛的效果，该品也用于治疗类风湿性关节炎，对血小板聚集有抑制作用，阻止血栓形成，临床上用于预防心脑血管疾病的发作。将阿司匹林及其他水杨酸衍生物与聚乙烯醇、醋酸纤维素等含羟基聚合物进行熔融酯化，使其高分子化，所得产物的抗炎性和解热止痛性比游离的阿司匹林更为长效。

---

❶ 黏度近似室温下的甘油。

❷ 注意控制温度不能太高，否则易使产物内部产生气泡。

据文献记载，1934 年，德国化学家费利克斯·霍夫曼宣称是他本人发明了阿司匹林。但这项发明中，起着非常重要作用的还有一位犹太化学家阿图尔·艾兴格林。事实上是在 1897 年，费利克斯·霍夫曼的确第一次合成了构成阿司匹林的主要物质，但他是在他的上司——知名化学家阿图尔·艾兴格林的指导下，并且完全采用艾兴格林提出的技术路线才获得成功的。

7.5.1 实验目的

① 了解酚羟基酰化反应的原理；
② 掌握重结晶、减压过滤、洗涤、干燥、熔点测定等基本操作。

7.5.2 实验原理

水杨酸分子中含有羟基（—OH）、羧基（—COOH），具有双官能团。本实验采取以硫酸为催化剂，以乙酸酐为乙酰化试剂与水杨酸的酚羟基发生酰化反应形成酯。反应式如下：

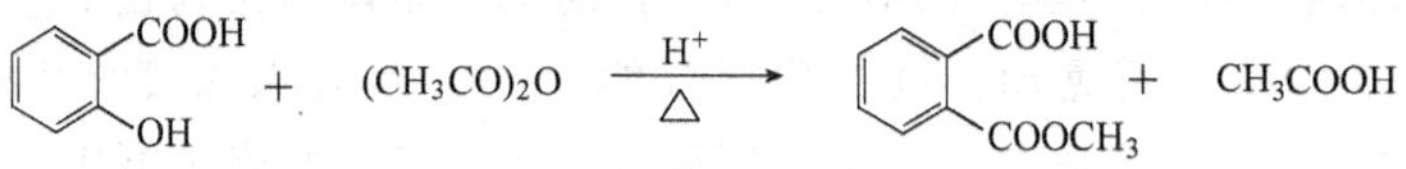

7.5.3 仪器、试剂及相关物理常数

（1）仪器 水浴锅、布氏漏斗、抽气瓶、水泵、滤纸、烧杯、温度计、熔点测定仪、台秤、玻璃棒、试管、量筒。

（2）试剂 水杨酸 2mL（0.014mol）、乙酐 5mL（0.05mol）、浓硫酸 5 滴、95% 乙醇、1% $FeCl_3$、乙酸乙酯 3mL。

（3）相关物理常数 水杨酸为白色针状结晶或单斜棱晶，有特殊的酚酸味，熔点 158～161℃，密度 $0.9438kg/m^3$，微溶于冷水，易溶于热水、乙醇、乙醚和丙酮。乙酐的相对分子质量 102.09，沸点 138.6℃，密度 $1.08kg/m^3$。乙酸乙酯的相对分子质量 88.11，沸点 77.2℃，密度 $0.90kg/m^3$（20℃），微溶于水，溶于乙醇、丙酮、乙醚等多数有机溶剂。

7.5.4 实验步骤

7.5.4.1 阿司匹林制备过程

在 125mL 的锥形瓶中加入 2g 水杨酸、5mL 乙酸酐❶，然后加入 5 滴浓硫酸❷，小心旋转锥形瓶使水杨酸全部溶解后，放入水浴中，控制水浴温度 85～90℃，加热 5～10min ❸。

取出锥形瓶，边摇边加 1mL 冷水，然后快速加入 50mL 冷水，立即放入冰浴冷却。待晶体充分析出后用布氏漏斗抽滤。将粗产品转移到 150mL 烧杯中，搅拌下慢慢加入 25mL 饱和碳酸钠溶液，加完后继续搅拌几分钟，直到无二氧化碳气体产生为止。

抽滤，副产聚合物被滤出，用约 5mL 水冲洗漏斗❹，合并滤液。滤液倒入预先盛有 4～

---

❶ 乙酸酐具有强烈的刺激性，注意不要沾到皮肤上。同时所用乙酸酐应是新蒸的。
❷ 要按照顺序加。否则，若先加水杨酸和浓硫酸，水杨酸会被氧化。硫酸可破坏水杨酸分子中羧基与酚羟基形成的氢键，从而使酰化反应顺利进行。
❸ 温度不宜过高，否则副反应增多。
❹ 由于产品微溶于水，所以水洗时，用水不太多。

5mL 浓盐酸和 10mL 水配成溶液的烧杯中，搅拌均匀，即有乙酰水杨酸沉淀析出。用冰水冷却，使沉淀完全。减压抽滤，用冷水洗涤 2 次，抽干水分，将晶体置于表面皿上，干燥，称重、测熔点❶。

为了得到更纯的产品，可将上述晶体溶于少量的乙酸乙酯中，溶解时应在水浴上小心加热，如有不溶物出现，可用预热过的小漏斗趁热过滤。将滤液冷至室温，待晶体充分析出后，抽滤、干燥。

7.5.4.2　纯度鉴定

① 测熔点，应在 135～136℃；

② 取一粒晶体加入 1mL 95％乙醇的试管中，加入 1～2 滴 1％ $FeCl_3$ 溶液，观察有无颜色变化；

③ 薄层法，在距硅胶板的底部边缘 0.5cm 出画一直线，用毛细管分别点上水杨酸、乙酰水杨酸（标样）、自制乙酰水杨酸溶液，吹干，放入石油醚：乙酸乙酯展开剂中展开，待前沿线距硅胶板上沿 1cm 左右时取出，放紫外箱中观察个点位置。

7.5.5　思考题

① 酰化反应的容器是否需要干燥？

② 反应后加水的目的是什么？

7.6　相转移催化剂——氯化三乙基苄基铵的合成及其催化能力测试

【背景知识】

相转移催化剂（phase transfer catalyst）简称 PTC 或 PT，是 20 世纪 70 年代以来在有机合成中应用日趋广泛的一种新的合成技术。季铵盐是一类重要的有机化合物。

在有机合成中常遇到非均相有机反应，这类反应通常速度很慢，收率低，反应不完全。但如果用水溶性无机盐，用极性小的有机溶剂溶解有机物，并加入少量（0.05mol 以下）的季铵盐，反应则很容易进行，这类能促使提高反应速度并在两相间转移负离子的镓盐，称为相转移催化剂。

一般存在相转移催化的反应，都存在水溶液和有机溶剂两相，离子型反应物往往可溶于水相，不溶于有机相，而有机底物则可溶于有机溶剂之中。不存在相转移催化剂时，两相相互隔离，几个反应物无法接触，反应进行得很慢。相转移催化剂的存在，可以与水相中的离子所结合（通常情况），并利用自身对有机溶剂的亲和性，将水相中的反应物转移到有机相中，促使反应发生。

7.6.1　实验目的

① 了解季铵盐的合成原理；

---

❶　乙酰水杨酸受热易分解，因此熔点不是很明显，其分解温度 128～135℃，熔点 136℃。在测熔点时，可先将热载体加热到 120℃左右，然后放入试样测定。

② 掌握氯化三乙基苄基铵的合成方法。

7.6.2 实验原理

$$C_6H_5CH_2Cl+(C_2H_5)_3N \longrightarrow C_6H_5CH_2N^+(C_2H_5)_3Cl^-$$

7.6.3 仪器、试剂及相关物理常数

（1）**仪器** 圆底烧瓶、球形冷凝管、锥形瓶、电热套、抽滤装置。

（2）**试剂** 氯化苄、三乙胺、丙酮、1,2-二氯乙烷。

（3）**相关物理常数** 氯化苄、三乙胺、丙酮、1,2-二氯乙烷为白色结晶或粉末，有吸湿性，溶于水、乙醇、甲醇、异丙醇、DMF、丙酮和二氯甲烷，水中溶解度700g/L（20℃）。

7.6.4 实验操作

7.6.4.1 催化剂制备过程

（1）**方法1** 在100mL干燥的圆底烧瓶中加入8mL氯化苄、12mL三乙胺和30mL丙酮，加入沸石后安装回流装置，缓慢加热回流3h，停止加热。反应液冷却后有结晶析出，抽滤，晶体用少量丙酮洗涤两次后放真空干燥箱中干燥，称量，测熔点（纯产品熔点186℃）。

（2）**方法2** 取7mL三乙胺、6mL氯化苄、20mL 1,2-二氯乙烷放入100mL三口烧瓶中，安装机械搅拌装置，水浴加热反应物至沸腾，保持回流2h，停止反应。用冷水浴将反应物冷却至室温，充分析出晶体后，过滤，用20mL二氯乙烷分两次冲洗，抽滤，烘干，称量，测熔点。

7.6.4.2 催化能力测试

向三口烧瓶中加6.9g苯甲酸、18mL 95％乙醇、1g所制催化剂，安装酯化装置（见图4-2），反应1h后，有机相进行中和、水洗、干燥、减压蒸馏，收集产品（常压沸点204～207℃）。

7.6.5 思考题

① 你能否再设计出一种制备季铵盐的方法？

② 查阅文献，举例说明季铵盐的其他用处。

7.7 固体酒精的制备及其燃烧热测定

【背景知识】

固体酒精也被称为"酒精块"或固体燃料块。固体酒精并不是固体状态的酒精（酒精的熔点很低，是－114.1℃，常温下不可能是固体），而是将工业酒精（乙醇）中加入凝固剂使之成为固体形态。使用时用一根火柴即可点燃，燃烧时无烟尘，火焰温度均匀，温度可达到600℃左右。每250g可以燃烧1.5h以上。然而，酒精块并不安全，劣质酒精块燃烧不充分产生一氧化碳气体。当工业酒精的外部开始燃烧时，内部由于没有受到足够的温度并且没有足够的氧气与其充分反应，可在近外部不充分燃烧，产生一氧化碳。

7.7.1　实验目的

① 通过实验了解有机化学与生活的关系；
② 学习固体酒精的制备方法。

7.7.2　实验原理

硬脂酸常温下为固体，受热易熔化，当与酒精混溶并冷却到室温时凝固成膏状。二者均可燃烧，生成二氧化碳和水。

7.7.3　仪器、试剂及相关物理常数

（1）**仪器**　三口烧瓶、烧杯、水浴锅、天平、温度计、蒸发皿、电热套等。
（2）**试剂**　硬脂酸、95％酒精、氢氧化钠、硝酸铜等。
（3）**相关物理常数**　略。

7.7.4　实验步骤

（1）**固体酒精制备**　将 100mL 95％的工业酒精、3g 硬脂酸钠和 0.5g 硝酸铜❶加入到 250mL 烧杯中，水浴加热 60～70℃，使硬脂酸钠溶解后，慢慢滴加❷ 10mL 浓度为 0.025mol/L 的氢氧化钠-酒精溶液，同时使溶液保持微沸。滴完，从水浴中取出烧杯，静置，降温至 50～60℃，倒入模具中凝固。

（2）**燃烧热测定**　称取等重的自制固体酒精和市售固体酒精，分别对装入 100mL 水的两个烧杯加热，记录二者沸腾时所需时间。

7.7.5　思考题

① 查文献，能否用其他物质代替硬脂酸钠？
② 市售彩色固体酒精是如何制备的？

---

❶ 加硝酸铜的目的是为了使火焰颜色好看，也可以不加或加其他盐类。
❷ 滴加氢氧化钠-酒精溶液速度不宜太快。

附　录

附录1　常见元素相对原子质量

元素名称及符号	相对原子质量	元素名称及符号	相对原子质量
银 Ag	107.868	镁 Mg	24.306
铝 Al	26.98154	锰 Mn	54.933
钾 K	39.098	氮 N	14.0067
溴 Br	79.904	钠 Na	22.99
碳 C	12.011	镍 Ni	58.69
钙 Ca	40.08	氧 O	15.9994
氯 Cl	35.434	磷 P	30.9733
铬 Cr	51.996	铅 Pb	207.2
铜 Cu	63.546	钯 Pd	106.42
氟 F	18.9948	铂 Pt	195.08
铁 Fe	55.847	硫 S	32.06
氢 H	1.0079	硅 Si	28.0855
汞 Hg	200.59	锡 Sn	118.69
碘 I	126.9045	锌 Zn	65.38

附录2　常用酸、碱的浓度

试剂名称	密度(20℃)/(kg/m³)	浓度/(mol/L)	质量分数
浓硫酸	1.84	18.0	0.960
浓盐酸	1.19	12.1	0.372
浓硝酸	1.42	15.9	0.704
磷酸	1.70	14.8	0.855
冰醋酸	1.05	17.45	0.998
浓氨水	0.90	14.53	0.566
浓氢氧化钠	1.54	19.4	0.505

附录3　常用有机溶剂的物理常数

溶剂	mp/℃	bp/℃	相对密度 d_4^{20}	折射率 n_D^{20}	介电常数 ε	摩尔折射率 R_D	偶极矩 μ/D
乙酸	17	118	1.049	1.3716	6.15	12.9	1.68
丙酮	−95	56	0.788	1.3587	20.7	16.2	2.85
乙腈	−44	82	0.782	1.3441	37.5	11.1	3.45

续表

溶剂	mp/℃	bp/℃	相对密度 d_4^{20}	折射率 n_D^{20}	介电常数 ε	摩尔折射率 R_D	偶极矩 μ/D
苯甲醚	−3	154	0.994	1.5170	4.33	33	1.38
苯	5	80	0.879	1.5011	2.27	26.2	0.00
溴苯	−31	156	1.495	1.5580	5.17	33.7	1.55
二硫化碳	−112	46	1.274	1.6295	2.6	21.3	0.00
四氯化碳	−23	77	1.594	1.4601	2.24	25.8	0.00
氯苯	−46	132	1.106	1.5248	5.62	31.2	1.54
氯仿	−64	61	1.489	1.4458	4.81	21	1.15
环己烷	6	81	0.778	1.4262	2.02	27.7	0.00
丁醚	−98	142	0.769	1.3992	3.1	40.8	1.18
1,2-二氯乙烷	−36	84	1.253	1.4448	10.36	21	1.86
二氯乙烷	−95	40	1.326	1.4241	8.93	16	1.55
二乙胺	−50	56	0.707	1.3864	3.6	24.3	0.92
乙醚	−117	35	0.713	1.3524	4.33	22.1	1.30
1,2-二甲氧基乙烷	−68	85	0.863	1.3796	7.2	24.1	1.71
N,N-二甲基乙酰胺	−20	166	0.937	1.4384	37.8	24.2	3.72
N,N-二甲基甲酰胺	−60	152	0.945	1.4305	36.7	19.9	3.86
二甲基亚砜	19	189	1.096	1.4783	46.7	20.1	3.90
1,4-二氧六环	12	101	1.034	1.4224	2.25	21.6	0.45
乙醇	−114	78	0.789	1.3614	24.5	12.8	1.69
乙酸乙酯	−84	77	0.901	1.3724	6.02	22.3	1.88
苯甲酸乙酯	−35	213	1.050	1.5052	6.02	42.5	2.00
甲酰胺	3	211	1.133	1.4475	111.0	10.6	3.37
异丙醇	−90	82	0.786	1.3772	17.9	17.5	1.66
异丙醚	−60	68	—	1.36	—	—	—
甲醇	−98	65	0.791	1.3284	32.7	8.2	1.70
2-甲基-2-丙醇	26	82	0.786	1.3877	10.9	22.2	1.66
硝基苯	6	211	1.204	1.5562	34.82	32.7	4.02
硝基甲烷	−28	101	1.137	1.3817	35.87	12.5	3.54
吡啶	−42	115	0.983	1.5102	12.4	24.1	2.37
叔丁醇	25.5	82.5	—	1.3878	—	—	—
四氢呋喃	−109	66	0.888	1.4072	7.58	19.9	1.75
甲苯	−95	111	0.867	1.4969	2.38	31.1	0.43
三氯乙烯	−86	87	1.465	1.4767	3.4	25.5	0.81
三乙胺	−115	90	0.726	1.4010	2.42	33.1	0.87
三氟乙酸	−15	72	1.489	1.2850	8.55	13.7	2.26
水	0	100	0.998	1.3330	80.1	3.7	1.82
邻二甲苯	−25	144	0.880	1.5054	2.57	35.8	0.62

注：1D（德拜）=3.33564×10^{-30}C·m。

附录 4　萃取水溶液常用有机溶剂

项目	沸点/℃	可燃性	毒性	注
苯	80.1	3	3	易成乳浊液,适于缓冲液中提取生物碱及酚类
2-丁醇	99.5	1	3	高沸点,适于缓冲液中提取水溶性物质
正丁醇	118.0	1	3	水饱和后使用,用于水中萃取中等极性物质
四氯化碳	76.5	0	4	易干燥,适用于非极性物质
氯仿	61.7	0	4	能形成乳浊液,易干燥
二乙醚	34.5	4	2	能吸收大量水,优良的通用溶剂
二异丙醚	69	5	2	长期贮存后能形成爆炸性过氧化物,用于从磷酸盐缓冲溶液中提取羧酸
乙酸乙酯	77.1	3	1	吸附大量水,用于极性物质
二氯甲烷	40	0	1	会形成乳浊液,易干燥
正戊烷	36.1	4	1	烃类,易于干燥
正己烷	69	4	1	用于非极性物质
正庚烷	98.4	3	1	用于非极性物质

附录 5　常用有机溶剂与水形成的二元共沸物

溶剂	沸点/℃	共沸点/℃	含水量/%	溶剂	沸点/℃	共沸点/℃	含水量/%
氯仿	61.2	56.1	2.5	甲苯	110.5	85.0	20
四氯化碳	77.0	66.0	4.0	正丙醇	97.2	87.7	28.8
苯	80.4	69.2	8.8	异丁醇	108.4	89.9	88.2
丙烯腈	78.0	70.0	13.0	二甲苯	137-40.5	92.0	37.5
二氯乙烷	83.7	72.0	19.5	正丁醇	117.7	92.2	37.5
乙腈	82.0	76.0	16.0	吡啶	115.5	94.0	42
乙醇	78.3	78.1	4.4	异戊醇	131.0	95.1	49.6
乙酸乙酯	77.1	70.4	8.0	正戊醇	138.3	95.4	44.7
异丙醇	82.4	80.4	12.1	氯乙醇	129.0	97.8	59.0
乙醚	35	34	1.0	二硫化碳	46	44	2.0
甲酸	101	107	26				

附录 6　常见有机溶剂间的共沸混合物

共沸混合物	组分的沸点/℃	共沸物的组成(质量分数)/%	共沸物的沸点/℃
乙醇-乙酸乙酯	78.3,78.0	30;70	72.0
乙醇-苯	78.3,80.6	32;68	68.2
乙醇-氯仿	78.3,61.2	7;93	59.4
乙醇-四氯化碳	78.3,77.0	16;84	64.9
乙酸乙酯-四氯化碳	78.0,77.0	43;57	75.0
甲醇-四氯化碳	64.7,77.0	21;79	55.7

续表

共沸混合物	组分的沸点/℃	共沸物的组成(质量分数)/%	共沸物的沸点/℃
甲醇-苯	64.7,80.4	39:61	48.3
氯仿-丙酮	61.2,56.4	80:20	64.7
甲苯-乙酸	101.5,118.5	72:28	105.4
乙醇-苯-水	78.3,80.6,100	19:74:7	64.9

附录7 干燥剂使用指南

干燥剂	适合干燥的物质	不适合干燥的物质	吸水量/(g/g)	活化温度/℃
氧化铝	烃,空气,氨气,氩气,氦气,氮气,氧气,氢气,二氧化碳,二氧化硫		0.2	175
氧化钡	有机碱,醇,醛,胺	酸性物质,二氧化碳	0.1	
氧化镁	烃,醛,醇,碱性气体,胺	酸性物质	0.5	800
氧化钙	醇,胺,氨气	酸性物质,酯	0.3	1000
硫酸钙	大多数有机物		0.066	235
硫酸铜	酯,醇,(特别适合苯和甲苯的干燥)		0.6	200
硫酸钠	氯代烷烃,氯代芳烃,醛,酮,酸		1.2	150
硫酸镁	酸,酮,醛,酯,腈	对酸敏感物质	0.2 0.8	200
氯化钙(<20目)	氯代烷烃,氯代芳烃,酯,饱和芳香烃,芳香烃,醚	醇,胺,苯酚,醛,酰胺,氨基酸,某些酯和酮	0.2 (1H₂O);0.3 (2H₂O)	250
氯化锌	烃	氨,胺,醇	0.2	110
氢氧化钾	胺,有机碱	酸,苯酚,酯,酰胺,酸性气体,醛		
氢氧化钠	胺	酸,苯酚,酯,酰胺		
碳酸钾	醇,腈,酮,酯,胺	酸,苯酚	0.2	300
钠	饱和脂肪烃和芳香烃,醚	酸,醇,醛,酮,胺,酯,氯代有机物		
五氧化二磷	烷烃,芳香烃,醚,氯代烷烃,氯代芳烃,腈,酸酐,酯	醇,酸,胺,酮,氟化氢和氯化氢	0.5	
浓硫酸	惰性气体,氯化氢,氯气,一氧化碳,二氧化硫	基本不能与其他物质接触		
硅胶(6~16目)	绝大部分有机物	氟化氢	0.2	200~350
3Å 分子筛	分子直径>3 Å	分子直径<3 Å	0.18	117~260
4Å 分子筛	分子直径>4 Å	分子直径<4 Å,乙醇,硫化氢,二氧化碳,二氧化硫,乙烯,乙炔,强酸	0.18	250
5Å 分子筛	分子直径>5 Å,如支链化合物和有4个碳原子以上的环	分子直径<5 Å,如丁醇,正丁烷~正22烷	0.18	250

附录 8　各种显色剂及其配制方法

显色剂	检测物质	配制方法
碘	不饱和或者芳香族化合物	在 100mL 广口瓶中,放入一张滤纸,少许碘粒。或在瓶中,加入 10g 碘粒,30g 硅胶
紫外灯	含共轭基团的化合物,芳香化合物	
硫酸铈	生物碱	10%硫酸铈(IV)+15%硫酸的水溶液
氯化铁	苯酚类化合物	1% $FeCl_3$+50%乙醇水溶液
桑色素(羟基黄酮)	广谱,有荧光活性	0.1% 桑色素+甲醇
茚三酮	氨基酸	1.5g 茚三酮+100mL 正丁醇+3.0mL 醋酸
二硝基苯肼(DNP)	醛和酮	12g 二硝基苯肼+60mL 浓硫酸+80mL 水+200mL 乙醇
香草醛(香兰素)	广谱	15g 香草醛+250mL 乙醇+2.5mL 浓硫酸
高锰酸钾	含还原性基团化合物,比如羟基、氨基、醛	1.5g $KMnO_4$+10gK_2CO_3+1.25mL 10% NaOH+200mL 水,使用期 3 个月
溴甲酚绿	羧酸,$pK_a \leqslant 5.0$	在 100mL 乙醇中,加入 0.04g 溴甲酚绿,缓慢滴加 0.1mol/L 的 NaOH 水溶液,刚好出现蓝色即止
钼酸铈	广谱	235mL 水+12g 钼酸铵+0.5g 钼酸铈铵+15mL 浓硫酸
茴香醛(对甲氧基苯甲醛)	广谱	135mL 乙醇+5mL 浓硫酸+1.5mL 冰醋酸+3.7mL 茴香醛,剧烈搅拌,使混合均匀
茴香醛(对甲氧基苯甲醛)	萜烯,桉树脑(cineoles),醉茄内酯(withanolides),出油柑碱(acronycine)	茴香醛:$HClO_4$:丙酮:水(1:10:20:80)
磷钼酸(PMA)	广谱	10g 磷钼酸+100mL 乙醇

附录 9　常用热浴物质的极限加热温度

热浴物质	最高极限温度/℃	热浴物质	最高极限温度/℃
水	98	甘油	220
石蜡油	200	浓硫酸	250
石油润滑油	300	6 份浓硫酸+4 份硫酸钾	325
石蜡	310	加氢油脂	250

附录 10　常用冰盐冷冻剂及其冷浴最低温度

冷冻剂	冰盐混合物中盐含量(质量分数)/%	最低温度/℃	冷冻剂	冰盐混合物中盐含量(质量分数)/%	最低温度/℃
NaCl+冰	10	−6.56	$CaCl_2$+冰	22.5	−7.8
	15	−10.89		29.8	−55
	23	−21.13	KCl+冰	19.75	−11.1
K_2CO_3+冰	39.5	−36.5	NH_4Cl+冰	18.6	−15.8

附录 11　常用有机溶剂的纯化

1. 常用有机溶剂的纯化——丙酮

沸点 56.2℃，折射率 1.3588，密度 0.7899kg/m³。

普通丙酮常含有少量的水及甲醇、乙醛等还原性杂质。其纯化方法有以下几种。

① 于 250mL 丙酮中加入 2.5g 高锰酸钾回流，若高锰酸钾紫色很快消失，再加入少量高锰酸钾继续回流，至紫色不褪为止。然后将丙酮蒸出，用无水碳酸钾或无水硫酸钙干燥，过滤后蒸馏，收集 55~56.5℃ 的馏分。用此法纯化丙酮时，须注意丙酮中含还原性物质不能太多，否则会过多消耗高锰酸钾和丙酮，使处理时间增长。

② 将 100mL 丙酮装入分液漏斗中，先加入 4mL 10% 硝酸银溶液，再加入 3.6mL 1mol/L 氢氧化钠溶液，振摇 10min，分出丙酮层，再加入无水硫酸钾或无水硫酸钙进行干燥。最后蒸馏收集 55~56.5℃ 馏分。此法比方法①要快，但硝酸银较贵，只宜做小量纯化用。

2. 常用有机溶剂的纯化——四氢呋喃 (THF)

沸点 67℃ (64.5℃)，折射率 1.4050，密度 0.8892kg/m³。

四氢呋喃与水能混溶，并常含有少量水分及过氧化物。如要制得无水四氢呋喃，可用氢化铝锂在隔绝潮气下回流（通常 1000mL 约需 2~4g 氢化铝锂）除去其中的水和过氧化物，然后蒸馏，收集 66℃ 的馏分蒸馏时不要蒸干，将剩余少量残液即倒出。精制后的液体加入钠丝并应在氮气氛中保存。

处理四氢呋喃时，应先用小量进行试验，在确定其中只有少量水和过氧化物，作用不致过于激烈时，方可进行纯化。

四氢呋喃中的过氧化物可用酸化的碘化钾溶液来检验。如过氧化物较多，应另行处理为宜。

3. 常用有机溶剂的纯化——二氧六环

沸点 101.5℃，熔点 12℃，折射率 1.4424，密度 1.0336kg/m³。

二氧六环能与水任意混合，常含有少量二乙醇缩醛与水，久贮的二氧六环可能含有过氧化物（鉴定和除去参阅乙醚）。二氧六环的纯化方法，在 500mL 二氧六环中加入 8mL 浓盐酸和 50mL 水的溶液，回流 6~10h，在回流过程中，慢慢通入氮气以除去生成的乙醛。冷却后，加入固体氢氧化钾，直到不能再溶解为止，分去水层，再用固体氢氧化钾干燥 24h。然后过滤，在金属钠存在下加热回流 8~12h，最后在金属钠存在下蒸馏，压入钠丝密封保存。精制过的 1,4-二氧六环应当避免与空气接触。

4. 常用有机溶剂的纯化——吡啶

沸点 115.5℃，折射率 1.5095，密度 0.9819kg/m³。

分析纯的吡啶含有少量水分，可供一般实验用。如要制得无水吡啶，可将吡啶与粒氢氧化钾（钠）一同回流，然后隔绝潮气蒸出备用。干燥的吡啶吸水性很强，保存时应将容器口用石蜡封好。

5. 常用有机溶剂的纯化——石油醚

石油醚为轻质石油产品，是低相对分子质量烷烃类的混合物。其沸程为 30~150℃，收集的温度区间一般为 30℃ 左右。有 30~60℃、60~90℃、90~120℃ 等沸程规格的石油醚。

其中含有少量不饱和烃，沸点与烷烃相近，用蒸馏法无法分离。

石油醚的精制通常将石油醚用其体积的浓硫酸洗涤 2～3 次，再用 10% 硫酸加入高锰酸钾配成的饱和溶液洗涤，直至水层中的紫色不再消失为止。然后再用水洗，经无水氯化钙干燥后蒸馏。若需绝对干燥的石油醚，可加入钠丝（与纯化无水乙醚相同）。

6. 常用有机溶剂的纯化——甲醇

沸点 64.96℃，折射率 1.3288，密度 $0.7914kg/m^3$。

普通未精制的甲醇含有 0.02% 丙酮和 0.1% 水。而工业甲醇中这些杂质的含量达 0.5%～1%。

为了制得纯度达 99.9% 以上的甲醇，可将甲醇用分馏柱分馏。收集 64℃ 的馏分，再用镁去水（与制备无水乙醇相同）。甲醇有毒，处理时应防止吸入其蒸气。

7. 常用有机溶剂的纯化——乙酸乙酯

沸点 77.06℃，折射率 1.3723，密度 $0.9003kg/m^3$。

乙酸乙酯一般含量为 95%～98%，含有少量水、乙醇和乙酸。可用下法纯化：于 1000mL 乙酸乙酯中加入 100mL 乙酸酐、10 滴浓硫酸，加热回流 4h，除去乙醇和水等杂质，然后进行蒸馏。馏液用 20～30g 无水碳酸钾振荡，再蒸馏。产物沸点为 77℃，纯度可达以上 99%。

8. 常用有机溶剂的纯化——乙醚

沸点 34.51℃，折射率 1.3526，密度 $0.71378kg/m^3$。普通乙醚常含有 2% 乙醇和 0.5% 水。久藏的乙醚常含有少量过氧化物。

过氧化物的检验和除去：在干净的试管中放入 2～3 滴浓硫酸，1mL 2% 碘化钾溶液（若碘化钾溶液已被空气氧化，可用稀亚硫酸钠溶液滴到黄色消失）和 1～2 滴淀粉溶液，混合均匀后加入乙醚，出现蓝色即表示有过氧化物存在。除去过氧化物可用新配制的硫酸亚铁稀溶液（配制方法是 $FeSO_4 \cdot 7H_2O$ 60g，100mL 水和 6mL 浓硫酸）。将 100mL 乙醚和 10mL 新配制的硫酸亚铁溶液放在分液漏斗中洗数次，至无过氧化物为止。

醇和水的检验和除去：乙醚中放入少许高锰酸钾粉末和一粒氢氧化钠。放置后，氢氧化钠表面附有棕色树脂，即证明有醇存在。水的存在用无水硫酸铜检验。先用无水氯化钙除去大部分水，再经金属钠干燥。其方法是：将 100mL 乙醚放在干燥锥形瓶中，加入 20～25g 无水氯化钙，瓶口用软木塞塞紧，放置一天以上，并间断摇动，然后蒸馏，收集 33～37℃ 的馏分。用压钠机将 1g 金属钠直接压成钠丝放于盛乙醚的瓶中，用带有氯化钙干燥管的软木塞塞住。或在木塞中插一末端拉成毛细管的玻璃管，这样既可防止潮气浸入，又可使产生的气体逸出。放置至无气泡发生即可使用；放置后，若钠丝表面已变黄变粗时，须再蒸一次，然后再压入钠丝。

9. 常用有机溶剂的纯化——乙醇

沸点 78.5℃，折射率 1.3616，密度 $0.7893kg/m^3$。

制备无水乙醇的方法很多，根据对无水乙醇质量的要求不同而选择不同的方法。

若要求 98%～99% 的乙醇，可采用下列方法。

① 利用苯、水和乙醇形成低共沸混合物的性质，将苯加入乙醇中，进行分馏，在 64.9℃ 时蒸出苯、水、乙醇的三元恒沸混合物，多余的苯在 68.3℃ 与乙醇形成二元恒沸混合物被蒸出，最后蒸出乙醇。工业多采用此法。

② 用生石灰脱水。于 100mL 95% 乙醇中加入新鲜的块状生石灰 20g，回流 3～5h，然

后进行蒸馏。

若要 99％以上的乙醇，可采用下列方法。

① 在 100mL 99％乙醇中，加入 7g 金属钠，待反应完毕，再加入 27.5g 邻苯二甲酸二乙酯或 25g 草酸二乙酯，回流 2～3h，然后进行蒸馏。

金属钠虽能与乙醇中的水作用，产生氢气和氢氧化钠，但所生成的氢氧化钠又与乙醇发生平衡反应，因此单独使用金属钠不能完全除去乙醇中的水，须加入过量的高沸点酯，如邻苯二甲酸二乙酯，与生成的氢氧化钠作用，抑制上述反应，从而达到进一步脱水的目的。

② 在 60mL 99％乙醇中，加入 5g 镁和 0.5g 碘，待镁溶解生成醇镁后，再加入 900mL 99％乙醇，回流 5h 后，蒸馏，可得到 99.9％乙醇。

由于乙醇具有非常强的吸湿性，所以在操作时，动作要迅速，尽量减少转移次数以防止空气中的水分进入，同时所用仪器必须事前干燥好。

10. 常用有机溶剂的纯化——二甲基亚砜（DMSO）

沸点 189℃，熔点 18.5℃，折射率 1.4783，密度 1.100kg/m³。

二甲基亚砜能与水混合，可用分子筛长期放置加以干燥。然后减压蒸馏，收集 76℃/1600Pa（12mmHg）馏分。蒸馏时，温度不可高于 90℃，否则会发生歧化反应生成二甲砜和二甲硫醚。也可用氧化钙、氢化钙、氧化钡或无水硫酸钡来干燥，然后减压蒸馏。也可用部分结晶的方法纯化。二甲基亚砜与某些物质混合时可能发生爆炸，例如氢化钠、高碘酸或高氯酸镁等应予注意。

11. 常用有机溶剂的纯化——N,N-二甲基甲酰胺（DMF）

沸点 149～156℃，折射率 1.4305，密度 0.9487kg/m³。

N,N-二甲基甲酰胺是无色液体，与多数有机溶剂和水可任意混合，对有机和无机化合物的溶解性能较好。N,N-二甲基甲酰胺含有少量水分。常压蒸馏时有些分解，产生二甲胺和一氧化碳。在有酸或碱存在时，分解加快。所以加入固体氢氧化钾（钠）在室温放置数小时后，即有部分分解。因此，最常用硫酸钙、硫酸镁、氧化钡、硅胶或分子筛干燥，然后减压蒸馏，收集 76℃/4800Pa（36mmHg）的馏分。其中如含水较多时，可加入其 1/10 体积的苯，在常压及 80℃以下蒸去水和苯，然后再用无水硫酸镁或氧化钡干燥，最后进行减压蒸馏。纯化后的 N,N-二甲基甲酰胺要避光贮存。

N,N-二甲基甲酰胺中如有游离胺存在，可用 2,4 二硝基氟苯产生颜色来检查。

12. 常用有机溶剂的纯化——二氯甲烷

沸点 40℃，折射率 1.4242，密度 1.3266kg/m³。

使用二氯甲烷比氯仿安全，因此常常用它来代替氯仿作为比水重的萃取剂。普通的二氯甲烷一般都能直接做萃取剂用。如需纯化，可用 5％碳酸钠溶液洗涤，再用水洗涤，然后用无水氯化钙干燥，蒸馏收集 40～41℃的馏分，保存在棕色瓶中。

13. 常用有机溶剂的纯化——氯仿

沸点 61.7℃，折射率 1.4459，密度 1.4832kg/m³。

氯仿在日光下易氧化成氯气、氯化氢和光气（剧毒），故氯仿应贮于棕色瓶中。市场上供应的氯仿多用 1％酒精做稳定剂，以消除产生的光气。氯仿中乙醇的检验可用碘仿反应；游离氯化氢的检验可用硝酸银的醇溶液。

除去乙醇可将氯仿用其 1/2 体积的水振摇数次，分离下层的氯仿，用氯化钙干燥 24h，然后蒸馏。

另一种纯化方法是将氯仿与少量浓硫酸一起振荡 2～3 次。每 200mL 氯仿用 10mL 浓硫酸，分去酸层以后的氯仿用水洗涤，干燥，然后蒸馏。

除去乙醇后的无水氯仿应保存在棕色瓶中并避光存放，以免光化作用产生光气。

14. 常用有机溶剂的纯化——苯

沸点 80.1℃，折射率 1.5011，密度 0.87865kg/m³。

普通苯常含有少量水和噻吩，噻吩沸点 84℃，与苯接近，不能用蒸馏的方法除去。

噻吩的检验：取 1mL 苯加入 2mL 溶有 2mg 吲哚醌的浓硫酸，振荡片刻，若酸层显蓝绿色，即表示有噻吩存在。噻吩和水的除去：将苯装入分液漏斗中，加入相当于苯体积 1/7 的浓硫酸，振摇使噻吩磺化，弃去酸液，再加入新的浓硫酸，重复操作几次，直到酸层呈现无色或淡黄色并检验无噻吩为止。将上述无噻吩的苯依次用 10％碳酸钠溶液和水洗至中性，再用氯化钙干燥，进行蒸馏，收集 80℃的馏分，最后用金属钠脱去微量的水得无水苯。

参 考 文 献

[1] 帕维亚 D L，兰普曼 G M，小克里兹 G S. 现代有机化学实验技术导论. 北京：中国科技出版社，1985.

[2] 张明森. 精细有机化工中间体全书. 北京：化学工业出版社，2008.

[3] 汪秋安，范华芳，廖头根. 有机化学实验技术手册. 北京：化学工业出版社，2012.

[4] 孙尔康，张剑荣. 有机化学实验. 南京：南京大学出版社，2012.

[5] 李敏宜. 有机化学实验. 北京：中国医药科技出版社，2007.

[6] 彭松，林辉. 有机化学实验. 北京：中国医药科技出版社，2013.

[7] 唐玉海. 有机化学实验. 北京：高等教育出版社，2010.

[8] 吴晓艺. 有机化学实验. 北京：清华大学出版社，2011.

[9] 郭书好. 有机化学实验. 武汉：华中科技大学出版社，2008.

[10] 刘铮，丁国华，杨世军. 有机化学实验绿色化教程. 北京：冶金工业出版社，2010.

[11] 熊洪录，周莹，于兵川. 有机化学实验. 北京：化学工业出版社，2011.

[12] 刘湘，刘士荣. 有机化学实验. 北京：化学工业出版社，2013.

[13] 曾伟. 有机化学实验. 成都：西南交通大学出版社，2010.

[14] 姚映钦. 有机化学实验. 武汉：武汉理工大学出版社，2011.

[15] 王莉贤. 有机化学实验. 上海：上海交通大学出版社，2009.

[16] 王学利，毛燕. 有机化学实验. 北京：中国水利水电出版社，2010.

[17] 赖桂春，朱文. 有机化学实验. 北京：中国农业大学出版社，2009.

参考文献